Zustandsüberwachung und Instandhaltungstechniken maritimer Ausrüstung

Alexander Arnfinn Olsen

Zustandsüberwachung und Instandhaltungstechniken maritimer Ausrüstung

Ein Leitfaden für Betreiber

Springer Vieweg

Alexander Arnfinn Olsen
Southampton, UK

ISBN 978-3-031-76883-5 ISBN 978-3-031-76884-2 (eBook)
https://doi.org/10.1007/978-3-031-76884-2

Die Deutsche Nationalbibliothek verzeichnet diese Publikation in der Deutschen Nationalbibliografie; detaillierte bibliografische Daten sind im Internet über https://portal.dnb.de abrufbar.

Dieses Buch ist eine Übersetzung des Originals in Englisch „Equipment Conditioning Monitoring and Techniques“ von Alexander Arnfinn Olsen, publiziert durch Springer Nature Switzerland AG im Jahr 2024. Die Übersetzung erfolgte mit Hilfe von künstlicher Intelligenz (maschinelle Übersetzung). Eine anschließende Überarbeitung im Satzbetrieb erfolgte vor allem in inhaltlicher Hinsicht, so dass sich das Buch stilistisch anders lesen wird als eine herkömmliche Übersetzung. Springer Nature arbeitet kontinuierlich an der Weiterentwicklung von Werkzeugen für die Produktion von Büchern und an den damit verbundenen Technologien zur Unterstützung der Autoren.

Springer Vieweg ist ein Imprint der eingetragenen Gesellschaft Springer Nature Switzerland AG und ist ein Teil von Springer Nature.
Die Anschrift der Gesellschaft ist: Gewerbestrasse 11, 6330 Cham, Switzerland

Einführung

Die in diesem Buch bereitgestellten Anleitungen sollen dem Leser[1] Informationen zur Zustandsüberwachung, Trendanalyse und Diagnose von Bordausrüstung, Maschinen und Systemen vermitteln. Die Zustandsüberwachung besteht aus verschiedenen Aufgaben, die geplante Aktivitäten sind, um den Maschinenzustand zu überwachen und einen potenziellen Ausfall im Voraus zu erkennen, sodass Maßnahmen ergriffen werden können, um diesen Ausfall zu verhindern. Dieses Buch fasst daher Folgendes zusammen:

(1) Die verschiedenen Techniken zur Zustandsüberwachung von Maschinen
(2) Die Zustandsüberwachungsaufgaben, die für bestimmte Maschinen am besten geeignet sind
(3) Die Wirksamkeit der Zustandsüberwachungsaufgaben
(4) Der überwachte Fehlerzustand
(5) Der Rahmen für die netzwerkbasierte Datenerfassung

Durch die Verbesserung von Ausrüstungs- und Maschinensystemen kann die Zuverlässigkeit an Bord von Schiffen und anderen maritimen Strukturen durch die ordnungsgemäße Anwendung von Zustandsüberwachungsaufgaben gewährleistet werden, wenn Zustandsüberwachungstechniken geeignet, anwendbar und korrekt implementiert sind.

Southampton, Großbritannien
2024

Alexander Arnfinn Olsen

[1]Anmerkung zur Übersetzung: Bei der Übersetzung von im Englischen nicht nach Geschlecht differenzierten Personenbezeichnungen wie „reader", „original equipment manufacturer" u. Ä. wurde im Deutschen meistens die männliche Form „Leser", „Originalgerätehersteller" etc. verwendet, um den Text kürzer und besser lesbar zu machen. Selbstverständlich sind damit Personen jeden Geschlechts gemeint.

Inhaltsverzeichnis

Abkürzungen und Akronyme

°C	Grad Celsius
°F	Grad Fahrenheit
AC	Wechselstrom
ASTM	Amerikanische Gesellschaft für Prüf- und Materialkunde
CAN	Netzwerk zur Steuerung von Bereichen
CBM	Zustandsbasierte Wartung
CM	Zustandsüberwachung
CMS	Kontinuierliche Maschinenüberprüfung
DC	Gleichstrom
FMEA	Fehlermöglichkeits- und Einflussanalyse
FMECA	Fehlermöglichkeits- und -einflussanalyse sowie Kritikalitätsanalyse
HAZID	Gefahrenidentifikation
HAZOP	Gefahren- und Betriebsfähigkeitsanalyse
I/O	Eingabe/Ausgabe
IACS	Internationale Vereinigung der Klassifikationsgesellschaften
ISO	Internationale Organisation für Normung
kW	Kilowatt
MTTF	Mittlere Zeit bis zum Ausfall
OEM	Originalgerätehersteller
OLE PC	Objektverknüpfung und -einbettung für die Prozesssteuerung
OLE	Objektverknüpfung und -einbettung
P-F	Potenzieller Ausfall
PLC	Programmierbare Logiksteuerung
PM	Präventive Wartung
PPM	Teile pro Million
PROFIBUS	Prozessfeldbus
RBM	Zuverlässigkeitsbasierte Wartung
RCM	Zuverlässigkeitsorientierte Instandhaltung
RMS	Quadratischer Mittelwert
RTD	Widerstandsthermometer
SI	Internationales Einheitensystem (metrisches System)

TAN	Gesamtsäurezahl
TBN	Gesamtbasenzahl
TCP/IP	Übertragungssteuerungsprotokoll und Internetprotokoll
UA	Einheitliche Architektur

Abbildungsverzeichnis

Tabellenverzeichnis

Kapitel 1
Allgemein

Seit Ende der 1970er-Jahre haben Marine- und Offshore-Betreiber zunehmend verschiedene proaktive Wartungstechniken angewendet, um Ausfälle zu verhindern, bevor sie auftreten, den Beginn von Ausfällen zu erkennen oder Ausfälle zu entdecken, bevor sie die Systemleistung beeinträchtigen. Es gab zahlreiche Fortschritte in der Zustandsüberwachungstechnologie, im Trendmonitoring und bei immer leistungsfähigerer Software für die geplante Wartung und Maschinendiagnoselösungen aufgrund der gestiegenen Rechenleistung und Vernetzung. 1978 hat das American Bureau of Shipping (ABS) eine neue Form der Zusammenarbeit mit Schiffseignern initiiert, mit dem Ziel, präventive Wartungsprogramme zu entwickeln und umzusetzen, die Zustandsüberwachungstechniken einbeziehen würden. Diese Zusammenarbeit führte 1984 zur Veröffentlichung des *Guide for survey based on preventative maintenance techniques* mit nachfolgenden Aktualisierungen in den Jahren 1985, 1987 und 1995. Seitdem wurden regelmäßige Aktualisierungen sichergestellt, um die Theorie und den Prozess der präventiven Wartung auf dem neuesten Stand der Technik und Wartungsverfahren im maritimen Bereich zu halten. Dies ist natürlich entscheidend, da Maschinensysteme weiterhin größer und immer komplexer werden und Betreiber mit zunehmend spezialisiertem Wissen über die an Bord befindlichen Maschinen und Systeme erfordern. Dementsprechend hat sich die Branche in Richtung einer auf Zuverlässigkeit basierenden Wartung weiterentwickelt und wird dies auch weiterhin tun, was Schiffseignern, Managern und Betreibern von anderen maritimen Installationen einen Rahmen für die Entwicklung von Wartungsprogrammen bietet, die Techniken verwenden, die in anderen Branchen für Maschinensysteme erfolgreich angewendet wurden.

Zweck dieses Buches ist es, den Lesern eine einzige Quelle für Anleitungen und Informationen zu Zustandsüberwachungstechniken bei der Gestaltung, Implementierung und Verwaltung eines auf Zuverlässigkeit basierenden Wartungsprogramms zu bieten. Zu den in diesem Buch behandelten Themen gehören eine Zusammenfassung der von der Marineindustrie verwendeten Zustandsüberwachungstechniken sowie Anleitungen zur Auswahl der geeigneten Technik(en),

A. A. Olsen, *Zustandsüberwachung und Instandhaltungstechniken maritimer Ausrüstung*, https://doi.org/10.1007/978-3-031-76884-2_1

Messfrequenz, Personalqualifikationen, Unternehmensressourcen und Risikobewertung. Durch die Anwendung von Zustandsüberwachungstechniken sollten Schiffseigner, Landmanager und Betreiber maritimer Vermögenswerte eine verbesserte Zuverlässigkeit der Ausrüstung und Systeme an Bord ihrer Schiffe oder anderer maritimer Installationen feststellen können. Darüber hinaus sollte in Erwägung gezogen werden, Schiffe und Vermögenswerte entweder in ein auf Zuverlässigkeit basierendes Wartungsprogramm oder ein präventives Wartungsprogramm einzuschreiben, um die zusätzlichen Kosteneinsparungen bei der Ausrüstungswartung zu nutzen und gleichzeitig eine Gutschrift für die von der Klasse vorgeschriebene kontinuierliche Überprüfung der Maschinen zu erhalten.

Es ist erwähnenswert, dass Zustandsüberwachungsaufgaben (theoretisch) auf jede Ausrüstung, Maschine und/oder jedes System angewendet werden können. Wo es nicht möglich ist, Ausrüstung, Maschinen oder Systeme einzuschreiben, kann Kap. 12 herangezogen werden, soweit zutreffend, für Ausrüstung, die aus Gründen gesetzlicher Vorschriften oder der Klassifizierungsrichtlinien nicht in eines der jeweiligen Programme eingeschrieben werden darf. Wenn die Maschinen in ein Maschinenwartungsprogramm oder ein präventives Wartungsprogramm eingeschrieben werden sollen, kann es eine Voraussetzung sein, dass die Maschinen gemäß den entsprechenden Klassenvorschriften in einem speziellen kontinuierlichen Überprüfungszyklus für Maschinen (CMS) erfasst werden.

Definition von Zustandsüberwachungsaufgaben

Eine Zustandsüberwachungsaufgabe ist eine geplante Aufgabe, die verwendet wird, um den potenziellen Beginn eines Ausfalls zu erkennen, damit Maßnahmen ergriffen werden können, um einen solchen Ausfall zu verhindern. Ein potenzieller Ausfall ist ein erkennbarer Zustand, der darauf hinweist, dass ein Funktionsausfall entweder kurz bevorsteht oder im Begriff ist, aufzutreten. Zustandsüberwachungsaufgaben sollten nur dann ausgewählt werden, wenn ein erkennbarer potenzieller Ausfallzustand vor dem Ausfall existiert und die betreffende Aufgabe eine angemessene Wahrscheinlichkeit hat, den Ausfall zu erkennen. Die ersten Wartungstypen, die in Betracht gezogen werden sollten, sind diejenigen, die vom Hersteller empfohlen werden. Zustandsüberwachungsaufgaben sollten nur in Erwägung gezogen werden, wenn sie nachweislich anwendbar und effektiv sind. Einige Zustandsüberwachungsaufgaben können aus früheren Risikostudien wie Gefahren- und Betriebsanalysen (HAZOP), Gefahrenidentifikation (HAZID) und Auswirkungsanalysen von Ausfallmodi (FMEA) und Auswirkungs- und Kritikalitätsanalysen von Ausfallmodi (FMECA) identifiziert werden, die während der Systemgestaltung durchgeführt wurden. Fehlerfindungsaufgaben können in die engere Wahl genommen werden, um einige der identifizierten Zustandsüberwachungsaufgaben zur Erhöhung der Robustheit des Wartungsschemas zu ergänzen. Es ist erwähnenswert, dass Zustandsüberwachungsaufgaben manchmal von Praktikern in einigen Ländern als „vorausschauende Wartungsaufgaben" bezeichnet werden können. Kap. 3 bietet zusätzliche Details.

Zustandsüberwachungstechniken für Maschinen

Eine Zusammenfassung der in dieser Veröffentlichung aufgeführten Zustandsüberwachungstechniken für Maschinen, einschließlich der anwendbaren Ausrüstung, ist in diesem Kapitel in Tab. 1.1 aufgeführt.

Tab. 1.1 Anwendungen der Zustandsüberwachung von Maschinen

Technik	Referenz	Wälzlager	Gleitlager	Riemenantriebe	Leistungsschalter	Dieselgeneratoren	Elektromotoren	Elektrische Systeme	Getriebe
Temperaturmessungen	**4**								
Punkttemperaturgeräte	2	•	•	•	•	•	•	•	•
Infrarotfotografie	2	•	•	•	•	•	•	•	•
Dynamische Überwachung	**5**								
Zeitwellenformanalyse	2	•	•	•		•	•		•
Breitbandvibrationsanalyse	2	•	•	•		•	•		•
Spektrumanalyse	2	•	•	•		•	•		•
Stoßimpulsanalyse	2	•(1)				•(2)			
Ultraschallanalyse	2	•							•
Andere Techniken	2	*Siehe Kap. 5, Tab. 5.3*							
Ölanalyse	**6**								
Atomemissionsspektroskopie	2			•	•	•	•		
Prüfungen der dielektrischen Festigkeit	2						•		•
Ferrografie	2		•	•	•				

(Fortsetzung)

Tab. 1.1 (Fortsetzung)

Technik	Referenz	Wälzlager	Gleitlager	Riemenantriebe	Leistungsschalter	Dieselgeneratoren	Elektromotoren	Elektrische Systeme	Getriebe
Infrarot- und Ultraviolettspektroskopie	2	•		•	•				
Feuchtigkeitsmessung	2	•[3]		•	•				
Kinematische Viskositätsprüfung	2			•	•				
Mikrobielle Analyse	2				•			•	
Partikelzähler	2		•	•	•				
Gesamtsäure-/Gesamtbasenzahl	2	•		•	•				
Sedimenttests	2	•							•
Andere Techniken	2	*Siehe Kap. 6, Tab. 6.3*							

Technik	Wärmetauscher	Schwermaschinen/Kräne	Pumpen	Hubkolbenmaschinen	Steuergetriebe	Behälter und Rohrleitungen	Transformatoren	Turbine (Gas oder Dampf)
Temperaturmessungen								
Punkttemperaturgeräte	•	•	•		•	•	•	
Infrarotfotografie	•	•	•		•	•	•	
Dynamische Überwachung								
Zeitenwellenformanalyse			•	•	•			•
Breitbandvibrationsanalyse			•	•	•			•

(Fortsetzung)

Tab. 1.1 (Fortsetzung)

Technik	Wärme-tauscher	Schwer-maschinen/ Kräne	Pumpen	Hubkolben-maschinen	Steuer-getriebe	Behälter und Rohrleitungen	Trans-formatoren	Turbine (Gas oder Dampf)
Spektrumanalyse			•	•	•			•
Stoßimpulsanalyse								
Ultraschallanalyse								
Andere Techniken								
Ölanalyse								
Atomemissionsspektroskopie		•			•			
Durchschlagsfestigkeits-prüfungen	•						•	
Ferrografie			•	•	•	•		
Infrarot- und Ultraviolettspektro-skopie		•			•		•	•
Feuchtigkeitsmessung								
Kinematischer Viskositätstest		•	•	•	•	•		•
Mikrobielle Analyse		•	•	•		•		•
Partikelzähler		•	•	•	•	•		
Gesamt-Säure-/Gesamt-Basen-Zahl		•	•	•	•	•	•	•
Sedimenttests	•						•	
Andere Techniken								

(Fortsetzung)

Tab. 1.1 (Fortsetzung)

Technik	Referenz	Atmosphärischer Korrosionsmonitor	Überwachung des kathodischen Schutzes	Elektrische Erzeugungssysteme	Süßwasser- oder Seewasserkühlung	Unterwasser-/Unterseestrukturen	Überwachung des kathodischen Schutzes	Elektrische Erzeugungssysteme	Süßwasser- oder Seewasserkühlung	Unterirdische/Unterseestrukturen
Korrosionsüberwachung	7									
Coupontest	2	•	•	•	•	•	•	•	•	•
Corrometer (elektrischer Widerstand)	2	•	•	•	•	•	•	•	•	•
Potenzialüberwachung(4)	2			•		•		•		•

Technik	Referenz	Schweißfehler	Gasporosität	Oberflächenschrumpfung	Fehlende Schweißnahtdurchdringung	Risse, Rissbildung	Unterflächenfehler in Platten, Wellen und Gussstücken	Integrale Korrosion	Korrosionsermüdung
Zerstörungsfreie Prüfung	**8**								
Röntgenradiografie	2	•	•		•	•	•	•	
Flüssige Farbeindringmittel	2								•
Ultraschalllecksuche	2								
Ultraschallfehlererkennung	2	•	•					•	

(Fortsetzung)

Tab. 1.1 (Fortsetzung)

Technik	Referenz	Schweißfehler	Gasporosität	Oberflächenschrumpfung	Fehlende Schweißnahtdurchdringung	Risse, Rissbildung	Unterflächenfehler in Platten, Wellen und Gussstücken	Integrale Korrosion	Korrosionsermüdung
Magnetpulverprüfung(5)	2			•		•			•
Wirbelstromprüfung	2								
Akustische Emission	2					•			
Hydrostatische und pneumatische Prüfung	2								
Visuelle Inspektion – Boreskop	2	•				•			
Andere Techniken	2	*Siehe Kap. 8, Tab. 8.2*							

Technik	Spannungskorrosion	Wasserstoffversprödung	Oberflächenrisse	Oberflächenfehler	Versprödung	Fehler in der Druckgrenze und Lecks	Metallstärkenverlust durch Verschleiß, Korrosion oder beides	Laminierung	Korrosion
Zerstörungsfreie Prüfung									
Röntgenradiografie									
Flüssige Farbeindringmittel	•	•	•	•	•				

(Fortsetzung)

Tab. 1.1 (Fortsetzung)

Technik	Spannungskorrosion	Wasserstoffversprödung	Oberflächenrisse	Oberflächenfehler	Versprödung	Fehler in der Druckgrenze und Lecks	Metallstärkenverlust durch Verschleiß, Korrosion oder beides	Laminierung	Korrosion
Ultraschalllecksuche						•			
Ultraschallfehlerprüfung	•	•		•					
Magnetpulverprüfung(5)	•	•						•	
Wirbelstromprüfung							•		•
Akustische Emission									
Hydrostatische und pneumatische Prüfung						•			
Visuelle Inspektion – Boreskop			•						
Andere Techniken									

Technik	Referenz	Verformung	Oberflächen- und oberflächennahe Defekte	Rohr- und Rohrwanddicke	Verschleiß	Ermüdung	Plastische Verformung	Spannung	Oxidfilme
Zerstörungsfreie Prüfung	**8**								
Röntgenradiografie	2	•	•		•	•	•	•	

(Fortsetzung)

Tab. 1.1 (Fortsetzung)

Technik	Referenz	Verformung	Oberflächen- und oberflächennahe Defekte	Rohr- und Rohrwanddicke	Verschleiß	Ermüdung	Plastische Verformung	Spannung	Oxidfilme
Flüssige Farbeindringmittel	2								
Ultraschalllecksuche	2								
Ultraschallfehlererkennung	2			•					
Magnetpulverprüfung(5)	2		•		•	•			
Wirbelstromprüfung	2	•	•	•	•				
Akustische Emission	2				•	•	•	•	
Hydrostatische und pneumatische Prüfung	2								
Visuelle Inspektion – Boreskop	2				•	•			•

Technik	Referenz	Gleichstromanker	Induktions-/Synchronmotoren	Durchfluss- oder Maschinenausgangsbeschränkungen	Maschinenausrichtung	Verschlechterung der Nasszellenbatterie	Widerstand der Geräteisolierung
Elektrische Prüfung	**8**						
Megohmmeterprüfung	2						•
Hochspannungsprüfung	2						
Stoßspannungsprüfung	2	•	•				
Leistungssignaturanalyse	2			•	•		
Motorstromkreisanalyse	2	•	•				
Batterieimpedanzprüfung	2					•	

(Fortsetzung)

Tab. 1.1 (Fortsetzung)

Technik	Synchrone Feldpole	Motorwicklungs-widerstand	Verschiedene Spulen und Spulengruppen	Kompres-soren	Pumpen	Motor-betriebene Ventile	Wickelrotor-Elektromotoren
Elektrische Prüfung							
Megohmmeterprüfung							
Hochspannungsprüfung		•					
Stoßspannungsprüfung	•		•				
Leistungssignaturanalyse					•	•	•
Motorstromkreisanalyse		•					•
Batterieimpedanzprüfung							

Technik	Referenz	Lose oder abgenutzte Teile	Flüssig-keits- oder Gaslecks	Feh-lende Teile	Schlechte elektri-sche Ver-bindungen	Schlechte Rohrver-bindungen	Lager	Dampfverluste
Beobachtung und Überwachung	**10**							
Visuelle Inspektion	2	•	•	•	•	•		
Audioinspektion	2						•	•
Berührungsinspektionen	2							
Leistungstrending	11	Überwachung von Leistungsindikatoren von Geräten oder Systemen zur Trendanalyse						

(Fortsetzung)

Tab. 1.1 (Fortsetzung)

Technik	Referenz	Lose oder abgenutzte Teile	Flüssigkeits- oder Gaslecks	Fehlende Teile	Schlechte elektrische Verbindungen	Schlechte Rohrverbindungen	Lager	Dampfverluste
Motorleistungsüberwachung/-diagnose	12	Überwachung von Motorparametern, um die Leistung zu optimieren oder den Bediener auf bevorstehende Wartung hinzuweisen						

Technik	Leckagen am Druckentlastungsventil	Leckagen an Kupplungen	Überlastete Pumpen	Schlechte mechanische Ausrichtung	Hitze	Verkalkung	Rauheitsänderungen
Beobachtung und Überwachung							
Visuelle Inspektion							
Audioinspektion	•	•	•	•			
Berührungsinspektionen					•	•	•
Leistungstrending							
Motorleistungsüberwachung/Diagnose							

Anmerkungen
(1)Diese Technik soll bei Lagern allein gut funktionieren, hat jedoch einige ernsthafte Einschränkungen bei Lagern in Getrieben, Pumpen, Motoren usw., aufgrund der anderen „normalen" Frequenzen, die in den meisten gängigen Maschinen vorhanden sind, wie z. B. Blattdurchgangsfrequenz, Zahnradmaschenfrequenz und Schlitzdurchgangsfrequenz
(2)Ventile oder Komponenten von Verbrennungsmotoren, bei denen Metall-auf-Metall-Kontakt eine Verschleißquelle darstellt
(3)Verwenden Sie die coulometrische Karl-Fischer-Titrationsmethode für Isolierflüssigkeiten (ASTM D1533-00(2005) oder ISO 12937-00 Erdölprodukte – Bestimmung von Wasser – coulometrische Karl-Fischer-Titrationsmethode)
(4)Es wird berichtet, dass das Potenzialmonitoring am besten für den Einsatz bei rostfreiem Stahl, nickelbasierten Stahllegierungen und Titanmaterialien geeignet ist
(5)Nur für ferromagnetische Materialien geeignet
(6)Es wird berichtet, dass es für Hydraulikrohre und -schläuche geeignet ist

Kapitel 2
Ausrüstungsfehler

In diesem Kapitel wird eine kurze Einführung in die Theorie des Geräteausfalls gegeben. Die vorgestellte Theorie kann auf Systeme angewendet werden, die aus zwei oder mehr Gerätesätzen bestehen. Eine Kombination aus einem oder mehreren Geräteausfällen, menschlichen Fehlern oder beidem kann zu einem Funktionsverlust des Systems führen. Die folgenden Faktoren können die Wahrscheinlichkeit eines Geräteausfalls beeinflussen:

(1) Konstruktionsfehler
(2) Fehlerhaftes Material
(3) Unsachgemäße Fertigung und Konstruktion
(4) Unsachgemäße Installation
(5) Unsachgemäßer Betrieb
(6) Unzureichende Wartung
(7) Wartungsfehler

Es sollte beachtet werden, dass die Wartung an sich viele dieser Faktoren nicht beeinflusst. Daher ist die Wartung lediglich eine von vielen Ansätzen, die zur Verbesserung der Gerätezuverlässigkeit und damit der Systemzuverlässigkeit ergriffen werden können. Zu diesem Zweck ist die zuverlässigkeitszentrierte Wartung oder RCM ein Prozess, der Analysen durchführt und einen deutlichen Fokus auf die Reduzierung von Ausfällen legt, die durch unzureichende Wartung verursacht werden. Darüber hinaus hilft RCM bei der Identifizierung vorzeitiger Geräteausfälle, die durch Wartungsfehler verursacht werden. In diesen Fällen können RCM-Analysen Verbesserungen für spezifische Wartungsaktivitäten empfehlen, wie z. B. die Verfeinerung von Wartungsverfahren, die Verbesserung der Leistung des Personals oder das Hinzufügen von Aufgaben zur Qualitätssicherung/Qualitätskontrolle (QA/QC), um die korrekte Durchführung kritischer Wartungsaufgaben zu überprüfen. Während das Ziel dieses Buches darin besteht, die Wartung zu verbessern, können RCM-Analysen Designänderungen und/oder betriebliche Verbesserungen empfehlen, wenn die Gerätezuverlässigkeit nicht allein durch Wartung gewährleistet

A. A. Olsen, *Zustandsüberwachung und Instandhaltungstechniken maritimer Ausrüstung*, https://doi.org/10.1007/978-3-031-76884-2_2

werden kann. Um die Gerätezuverlässigkeit durch Wartung, Designänderungen oder betriebliche Verbesserungen effektiv zu verbessern, muss man die potenziellen Mechanismen des Geräteausfalls, deren Ursachen und die damit verbundenen Systemauswirkungen verstehen.

Geräteausfall kann als ein Zustand definiert werden, in dem eine Komponente einen Aspekt ihrer Konstruktionsabsicht nicht mehr erfüllt (z. B. wenn ein Funktionsausfall aufgrund des Geräteausfalls aufgetreten ist). RCM konzentriert sich auf das Management von Geräteausfällen, die zu Funktionsausfällen führen. Um eine effektive Ausfallmanagementstrategie zu entwickeln, muss die Strategie auf einem Verständnis des Ausfallmechanismus basieren. Geräte weisen typischerweise eine oder mehrere verschiedene Ausfallmodi auf (z. B. *wie* das Gerät ausfällt). Darüber hinaus kann der Ausfallmechanismus für die verschiedenen Ausfallmodi unterschiedlich sein und die Ausfallmechanismen können sich im Lebenszyklus des Geräts ändern. Um dieses Verhältnis zu verstehen, fasst Tab. 2.1 einige der typischsten hardwarebezogenen Geräteausfallmechanismen zusammen.

Geräteausfallrate und -muster

Abhängig von den dominanten Systemausfallmechanismen, dem Systembetrieb, der Systembetriebsumgebung und der Systemwartung zeigen spezifische Geräteausfallmodi eine Vielzahl von Ausfallraten und -mustern. Statistisch wird die Ausfallrate in Bezug auf die Betriebszeit (oder einen anderen relevanten Betriebsparameter) ausgedrückt, die vergeht, bevor ein Gerät ausfällt. Aufgrund der variablen Natur der Ausfallzeit ist es üblich, die Ausfalldichteverteilung zu analysieren, die die Wahrscheinlichkeit eines Ausfalls eines Geräts nach einer bestimmten Betriebszeit angibt. Abhängig vom Geräteausfallmodus können verschiedene Verteilungen (z. B. normal, exponentiell, Weibull, lognormal) verwendet werden, um die Ausfallwahrscheinlichkeit statistisch zu modellieren. Zu diesem Zweck messen Ausfalldichteverteilungen die Ausfallwahrscheinlichkeit innerhalb eines bestimmten Intervalls (z. B. zwischen Zeit null und 8000 Betriebsstunden). Abb. 2.1 zeigt illustrative normale, exponentielle und Weibull-Ausfallverteilungen. Eine der am häufigsten verwendeten Ausfallverteilungsmethoden zur Modellierung von Geräteausfällen ist die *Weibull-Verteilung*. Diese Verteilung wird verwendet, wenn

Tab. 2.1 Typische hardwarebezogene Geräteausfallmechanismen

Mechanischer Belastungsausfall	Verschleiß	Korrosion	Temperaturbedingter Ausfall
Duktiler Bruch Spröder Bruch Mechanische Ermüdung	Abrasiv Adhäsiv Reibkorrosion Grübchenbildung Kavitation	Galvanisch Uniform Spannungsrisskorrosion	Kriechen Metallurgische Umwandlung Thermische Ermüdung

Geräte für einen Teil ihrer Lebensdauer eine konstante Ausfallrate aufweisen, gefolgt von einer zunehmenden Ausfallrate aufgrund von Verschleiß. Darüber hinaus wird die Weibull-Analyse verwendet, wenn nur eine geringe Menge an Ausfalldaten verfügbar ist. Das Weibull-Diagramm kann verwendet werden, um festzustellen, ob der Ausfall auf Folgendes zurückzuführen ist:

(1) Kinderkrankheiten oder Verschleiß
(2) Zufälliges Ereignis
(3) Früher Verschleiß
(4) Erschöpfender Verschleiß

Diese Informationen sind hilfreich bei der Bestimmung einer geeigneten Wartungsstrategie. Das Weibull-Diagramm kann auch zwischen der Ausfallwahrscheinlichkeit und der Betriebszeit des Geräts korreliert werden. Diese Datensätze können wertvoll sein, um Aufgabenintervalle für bestimmte Arten von Wartungsaufgaben festzulegen (z. B. Wiederaufbauaufgaben). Ein weiteres häufig verwendetes statistisches Maß, das mit diesen Verteilungen verbunden ist, ist die *mittlere Zeit bis zum Ausfall* (MTTF). MTTF ist die durchschnittliche Lebensdauer bis zum Ausfall für den Geräteausfallmodus. Es stellt somit den Punkt dar, an dem die Flächen unter der Ausfallverteilungskurve gleich über und unter dem Ausfallpunkt sind. Die Bestimmung der MTTF hängt daher von der Art der Ausfallverteilung ab, die zur Modellierung des Ausfallmodus verwendet wird. Abb. 2.1 identifiziert die MTTF für normale und exponentielle Ausfallverteilungen. MTTF-Datensätze sind hilfreich bei der Bestimmung, wann bestimmte Arten von Wartungsaufgaben durchgeführt werden sollen. Wenn beispielsweise die geeignete Wartungsstrategie darin besteht, ein Gerät wieder aufzubauen, können die MTTF-Daten verwendet werden, um das Wiederaufbauintervall festzulegen. Wenn die MTTF durch eine Normalverteilung dargestellt wird und das Intervall auf die MTTF gesetzt wird, können wir davon ausgehen, dass es eine 50%ige Wahrscheinlichkeit gibt, dass das Gerät ausfällt, bevor es wieder aufgebaut wird. Wenn das Intervall unterhalb der MTTF liegt, beträgt die Wahrscheinlichkeit, dass das Gerät vor dem Wiederaufbau ausfällt, <50 %. Wenn das Intervall über der MTTF liegt, beträgt die Wahrscheinlichkeit mehr als 50 %.

Die Zunahme oder Abnahme der Wahrscheinlichkeit, wenn das Intervall vor oder nach der MTTF verschoben wird, hängt von der Standardabweichung der Verteilung ab. Ein möglicherweise nützlicheres Maß, das aus der Ausfallverteilung abgeleitet wird, ist die bedingte Ausfallrate oder Lambda (λ). Die bedingte Ausfallrate ist die Wahrscheinlichkeit, dass ein Ausfall im nächsten Augenblick auftritt, vorausgesetzt, dass der Ausfall bis zu diesem Zeitpunkt noch nicht aufgetreten ist. Die bedingte Ausfallrate liefert daher zusätzliche Informationen über die Lebensdauer und wird verwendet, um Ausfallmuster zu veranschaulichen. Tab. 2.2 zeigt sechs klassische Muster für bedingte Ausfallraten. Die vertikale Achse stellt die bedingte Ausfallrate als Funktion der Zeit dar ($\lambda(t)$) und die horizontale Achse zeigt die Betriebszeit (t) oder eine andere Variable (z. B. Betriebszyklen). Das Verständnis, dass Geräteausfallmodi unterschiedliche Ausfallmuster aufweisen können, hat wichtige Auswirkungen auf die Bestimmung geeigneter

Tab. 2.2 Sechs klassische Ausfallratenmuster[1]

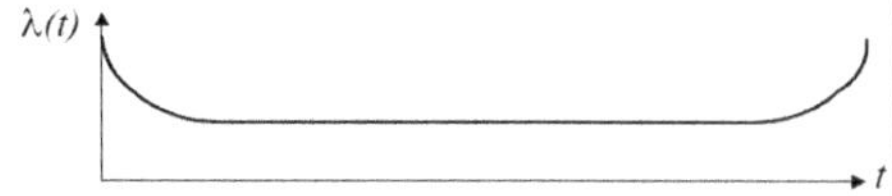	**Muster A: Badewanne** Frühausfälle, dann eine konstante oder steigende Ausfallrate, gefolgt von einer ausgeprägten Verschleißzone *Beispiel*: überholter Hubkolbenmotor
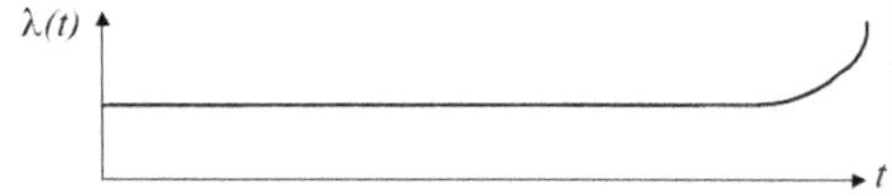	**Muster B: traditioneller Verschleiß** Konstante oder langsam steigende Ausfallrate, gefolgt von einer ausgeprägten Verschleißzone *Beispiel:* Hubkolbenmotor, Pumpenlaufrad
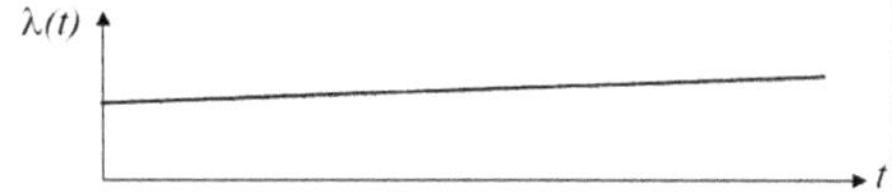	**Muster C: allmählicher Anstieg ohne ausgeprägte Verschleißzone** Allmählich steigende Ausfallrate, aber keine ausgeprägte Verschleißzone *Beispiel:* Gasturbine
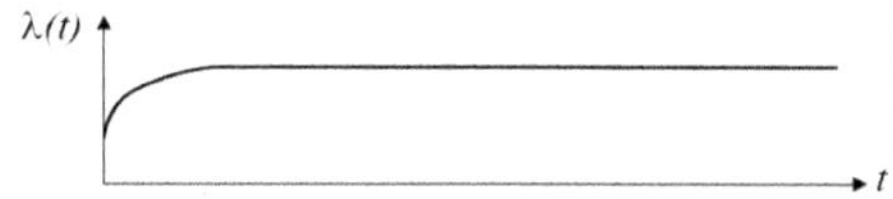	**Muster D: anfänglicher Anstieg mit Abflachung** Anfänglich niedrige Ausfallrate, dann ein schneller Anstieg zu einer konstanten Ausfallwahrscheinlichkeit *Beispiel:* komplexe Ausrüstung unter hoher Belastung mit Testläufen nach Herstellung oder Wiederherstellung, wie Hydrauliksysteme
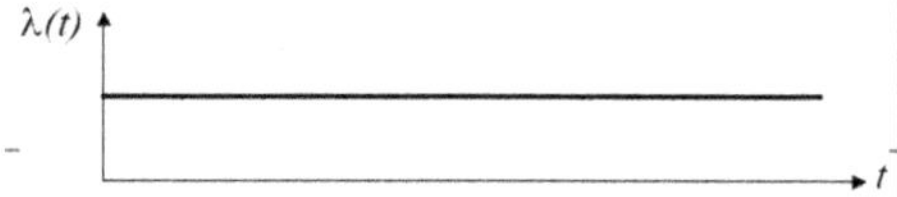	**Muster E: zufälliger Ausfall** Konstante Ausfallrate in allen Betriebsperioden *Beispiel*: Rollen-/Kugellager
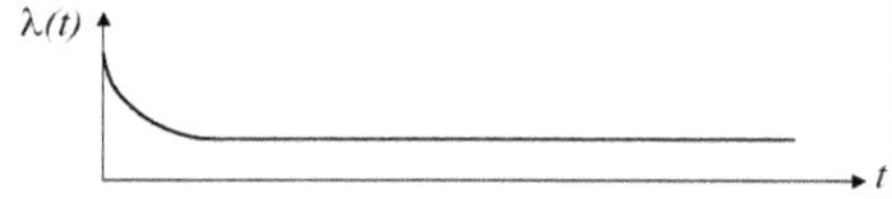	**Muster F: Frühausfälle** Hohe Frühausfälle, gefolgt von einer konstanten oder langsam steigenden Ausfallrate *Beispiel:* elektronische Bauteile

[1]Reliability-centred Maintenance, F. Stanley Nowlan und Howard F. Heap, 29. Dezember 1978, US Department of Commerce, National Technical Information Service

Wartungsstrategien. Beispielsweise ist der Wiederaufbau oder Austausch von Geräten, die keine ausgeprägten Verschleißregionen aufweisen (z. B. Muster C bis F), wenig sinnvoll und kann tatsächlich die Ausfälle aufgrund von Kinderkrankheiten und/oder menschlichen Fehlern während der Wartungsaufgaben erhöhen. Für die meisten Geräteausfallmodi sind die spezifischen Ausfallmuster nicht bekannt und glücklicherweise auch nicht erforderlich, um Wartungsentscheidungen zu treffen. Dennoch sind bestimmte Ausfallcharakteristika erforderlich, um Wartungsentscheidungen zu treffen. Diese Charakteristika können (aber nicht ausschließlich) umfassen:

(1) Einlaufversagen, das von „schwachen" Mitgliedern dominiert wird, die mit Problemen wie Herstellungsfehlern und Installations-/Wartungs-/Inbetriebnahmefehlern zusammenhängen. Auch bekannt als „Einbrennen" oder „Frühausfälle".

Abb. 2.1 Normale, exponentielle und Weibull-Ausfallverteilungen

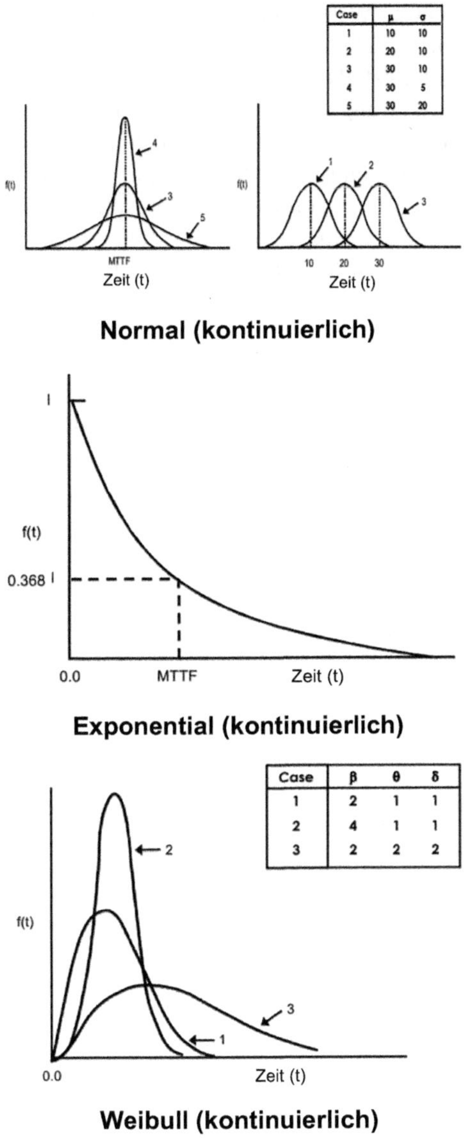

(2) Zufälliger Ausfall, der von Zufallsausfällen dominiert wird, die durch plötzliche Belastungen, extreme Bedingungen, zufällige menschliche Fehler usw. verursacht werden (z. B. ist der Ausfall nicht zeitlich vorhersagbar).

(3) Verschleißausfall, der von Problemen am Ende der Nutzungsdauer der Ausrüstung dominiert wird.

Indem wir einfach identifizieren, welche der drei Ausfallcharakteristiken für den Ausfallmodus der Ausrüstung repräsentativ ist, gewinnen wir Einblicke in die richtige Wartungsstrategie. Zum Beispiel, wenn ein Ausfallmodus der Ausrüstung ein Verschleißmuster aufweist, kann das Wiederaufbauen oder Ersetzen des Ausrüstungsteils eine geeignete Strategie sein. Wenn jedoch ein Ausfallmodus der Ausrüstung durch Einlaufversagen gekennzeichnet ist, kann das Ersetzen oder Wiederaufbauen des Ausrüstungsteils nicht ratsam sein. Schließlich hilft ein grundlegendes Verständnis der Ausfallrate dabei zu bestimmen, ob Wartung oder eine Neugestaltung der Ausrüstung notwendig ist. Zum Beispiel werden Ausfallmodi der Ausrüstung, die hohe Ausfallraten aufweisen (z. B. häufig ausfallen), normalerweise am besten durch Neugestaltung anstatt durch häufigere Wartung angegangen (Abb. 2.2).

Strategie zur Ausfallbewältigung

Das Verständnis von Ausfallraten und Ausfallcharakteristiken ermöglicht die Bestimmung einer geeigneten Strategie zur Bewältigung des Ausfallmodus. Die Entwicklung und Nutzung dieses Verständnisses ist grundlegend für die Verbesserung der Zuverlässigkeit der Ausrüstung. Es wird nicht mehr als wahr angesehen, dass ein Gegenstand umso weniger wahrscheinlich ausfällt, je öfter er überholt wird. Es sei denn, es gibt einen dominanten altersbedingten Ausfallmodus, Altersgrenzen tragen wenig oder gar nichts zur Verbesserung der Zuverlässigkeit komplexer Gegenstände bei. Manchmal können geplante Überholungen die Gesamtausfallraten erhöhen, indem sie Frühausfälle, menschliche Fehler oder beides in ansonsten stabile Systeme einführen. In RCM kann die Strategie zur Ausfallbewältigung aus folgenden Bestandteilen bestehen:

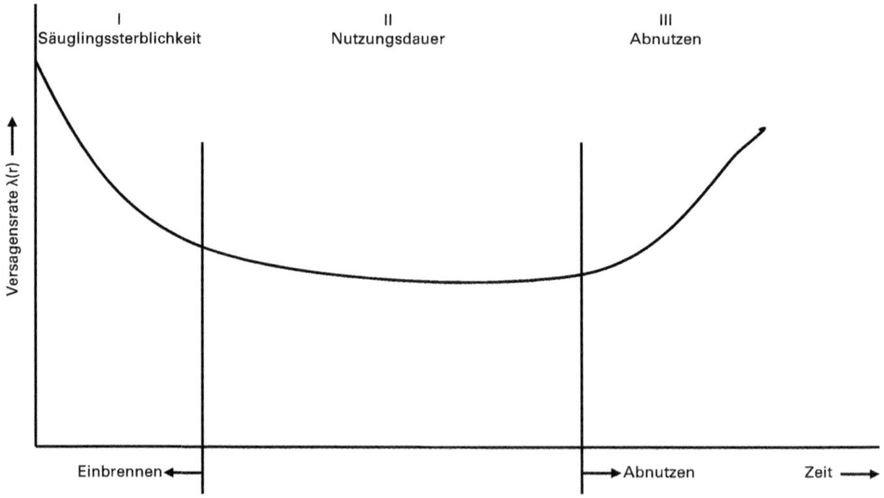

Abb. 2.2 Lebensphasen der Ausrüstung

(1) Geeignete proaktive Wartungsaufgaben
(2) Neugestaltungen oder Modifikationen der Ausrüstung
(3) Andere betriebliche Verbesserungen

Der Zweck der proaktiven Wartungsaufgaben in der Strategie zur Ausfallbewältigung besteht darin, (1) Ausfälle zu verhindern, bevor sie auftreten, oder (2) den Beginn von Ausfällen rechtzeitig zu erkennen, sodass der Ausfall vor seinem Eintreten bewältigt werden kann. Neugestaltungen, Modifikationen und betriebliche Verbesserungen (RCM bezeichnet diese als einmalige Änderungen) sind Versuche, die Ausrüstung zu verbessern, deren Ausfallraten zu hoch sind oder für die proaktive Wartung nicht effektiv/effizient ist. Die Schlüsselfragen, die bei der Bestimmung, ob eine spezifische Strategie zur Ausfallbewältigung effektiv ist, zu stellen sind:

(1) Ist die Strategie zur Ausfallbewältigung technisch machbar?
(2) Wird ein akzeptables Risikoniveau erreicht, wenn die Strategie zur Ausfallbewältigung implementiert wird?
(3) Ist die Strategie zur Ausfallbewältigung kosteneffektiv?

Zusätzlich zu proaktiven Wartungsaufgaben und einmaligen Änderungen können Wartungsaufgaben und routinemäßige Inspektionen wichtige Elemente innerhalb der Strategie zur Ausfallbewältigung sein. Diese Aktivitäten helfen festzustellen, dass die Ausfallrate und die Ausfallcharakteristiken der Ausrüstung wie erwartet sind. Zum Beispiel ändern sich die Ausfallrate und das Ausfallmuster eines Lagers drastisch, wenn es nicht ordnungsgemäß geschmiert wird. Diese proaktiven Wartungsaufgaben, Ausfall bis zum Versagen, einmalige Änderungen sowie Wartungs- und Routineinspektionen werden in den folgenden Absätzen zusammengefasst.

Proaktive Wartungsaufgaben

Proaktive Wartungsaufgaben werden in vier Kategorien unterteilt:

(1) Geplante Wartungsaufgaben
(2) Zustandsüberwachungsaufgaben
(3) Kombination von Aufgaben
(4) Fehlerfindungsaufgaben

Jede dieser Aufgaben wird im Folgenden kurz besprochen.

Geplante Wartungsaufgaben

Eine geplante Wartungsaufgabe wird in einem festgelegten Intervall durchgeführt, unabhängig vom Zustand der Ausrüstung. Der Zweck dieser Art von Aufgabe ist es, einen Funktionsausfall zu verhindern, bevor er auftritt. Oft wird diese Art von Aufgabe angewendet, wenn keine Zustandsüberwachungsaufgabe identifiziert oder gerechtfertigt ist und der Ausfallmodus durch ein Verschleißmuster gekennzeichnet ist. Geplante Wartung kann in die folgenden zwei Unterkategorien unterteilt werden:

- *Wiederherstellungsaufgabe.* Eine geplante Aufgabe, die die Fähigkeit eines Elements zu oder vor einem festgelegten Intervall (Altersgrenze) auf ein Niveau wiederherstellt, das eine tolerierbare Überlebenswahrscheinlichkeit bis zum Ende eines weiteren festgelegten Intervalls bietet. Im Fall der geplanten Wiederherstellung eines Dieselmotors wäre der Wiederaufbau der Kraftstoffeinspritzdüsen ein Beispiel.
- *Verwerfungsaufgabe.* Eine geplante Aufgabe, bei der ein Element zu oder vor einer festgelegten Altersgrenze verworfen wird, unabhängig von seinem Zustand zu diesem Zeitpunkt.

Es ist erwähnenswert, dass die Begriffe „Wiederherstellung“ und „Verwerfung“ auf dieselbe Aufgabe angewendet werden können. Zum Beispiel, wenn die Zylinderlaufbuchsen eines Dieselmotors in festen Intervallen durch neue ersetzt werden, könnte die Ersatzaufgabe als „geplante Verwerfung der Zylinderlaufbuchse“ oder „geplante Wiederherstellung des Dieselmotors“ beschrieben werden.

Zustandsüberwachungsaufgaben

Eine Zustandsüberwachungsaufgabe ist eine geplante Aufgabe, die verwendet wird, um den potenziellen Beginn eines Ausfalls zu erkennen, damit Maßnahmen ergriffen werden können, um den Funktionsausfall zu verhindern. Ein potenzieller Ausfall ist ein erkennbarer Zustand, der darauf hinweist, dass ein Funktionsausfall entweder kurz bevorsteht oder im Begriff ist, aufzutreten. Zustandsüberwachungsaufgaben sollten nur gewählt werden, wenn ein erkennbarer potenzieller Ausfallzustand vor dem Ausfall existieren wird. Bei der Auswahl von Wartungsaufgaben sollten Zustandsüberwachungsaufgaben zuerst in Betracht gezogen werden, es sei denn, ein erkennbarer potenzieller Ausfallzustand kann nicht identifiziert werden. Zustandsüberwachungsaufgaben werden auch als „vorausschauende Wartung“ bezeichnet. Kap. 3 bietet zusätzliche Hinweise zu Aufgaben der Zustandsüberwachung- (d. h. vorausschauende Aufgaben).

Kombination von Aufgaben

Wenn die Auswahl entweder von Zustandsüberwachungs- oder geplanten Wartungsaufgaben allein nicht in der Lage zu sein scheint, die Risiken des Funktionsausfalls der Ausrüstung zu reduzieren, kann es notwendig sein, eine Kombination beider Wartungsaufgaben auszuwählen. In der Regel wird dieser Ansatz verwendet, wenn die Zustandsüberwachungs- oder geplante Wartungsaufgabe allein nicht ausreicht, um ein akzeptables Risiko zu erreichen.

Fehlerfindungsaufgaben

Eine Fehlerfindungsaufgabe ist eine geplante Aufgabe, die verwendet wird, um versteckte Fehler zu erkennen, wenn keine Zustandsüberwachungs- oder geplante Wartungsaufgabe anwendbar ist. Es handelt sich um eine geplante Funktionsprüfung, um festzustellen, ob ein Element seine erforderliche Funktion erfüllen wird, wenn es dazu aufgefordert wird. Die meisten dieser Elemente sind Stand-by- oder Schutzausrüstungen. Ein Beispiel wäre das Testen des Sicherheitsventils an einem Kessel.

Ausfallbetrieb

Ausfallbetrieb ist eine Ausfallmanagementstrategie, die es einem Ausrüstungselement ermöglicht, bis zum Auftreten eines Ausfalls zu laufen, an welchem Punkt eine Reparatur oder ein Austausch erfolgt. Diese Wartungsstrategie ist nur akzeptabel, wenn das Risiko eines Ausfalls ohne proaktive Wartungsaufgaben tolerierbar ist. Ein Beispiel wäre, ein lokales Druckmessgerät an einer Kühlwasserleitung, das auch mit einem Fernlesedruckmessgerät ausgestattet ist, ausfallen zu lassen.

Einmalige Änderungen

Einmalige Änderungen werden verwendet, um die Ausfallrate zu reduzieren oder Ausfälle zu managen, bei denen geeignete Wartungsaufgaben nicht identifiziert werden oder das Risiko nicht effektiv und effizient bewältigt werden kann. Der grundlegende Zweck einer einmaligen Änderung besteht darin, die Ausfallrate oder das Ausfallmuster zu ändern, und zwar durch:

- Neugestaltung oder Modifikation der Ausrüstung
- Betriebliche Verbesserungen oder beides

Einmalige Änderungen adressieren am effektivsten Ausfallmodi der Ausrüstung, die aus den folgenden Ausfallmechanismen resultieren:

(1) Fehlerhaftes Design, Materialien oder beides
(2) Unsachgemäße Fertigung, Konstruktion oder beides
(3) Fehlbedienung
(4) Wartungsfehler

Diese Ausfallmechanismen führen oft zu einem Verschleißausfall und erfordern daher eine einmalige Änderung. Wenn keine Wartungsstrategie gefunden werden kann, die sowohl anwendbar als auch effektiv ist, um den Ausfall zu erkennen oder zu verhindern, sollte eine einmalige Änderung in Betracht gezogen werden. Im Folgenden werden die einzelnen Arten von einmaligen Änderungen kurz beschrieben:

- *Neugestaltung oder Modifikationen der Ausrüstung.* Neugestaltung oder Modifikationen beinhalten physische Änderungen an der Ausrüstung oder dem System. Ein Beispiel wäre die Minderung von Hauptlagerschäden des Motors, die durch keinen oder niedrigen Schmierölfluss verursacht werden, durch Hinzufügen eines Niederdrucksensors am Ausgang der Schmierölpumpe, der eine Stand-by-Pumpe starten würde, um den Schmierölfluss zu den Hauptlagern des Motors aufrechtzuerhalten.
- *Betriebliche Verbesserungen.* Betriebliche Verbesserungen sind Änderungen in der Art und Weise, wie die Ausrüstung betrieben wird, Modifikationen in der Art und Weise, wie Wartungsarbeiten an der Ausrüstung durchgeführt werden, oder beides. Betriebliche Verbesserungen beinhalten in der Regel die Änderung des Betriebskontexts, die Änderung der Betriebsverfahren, die Bereitstellung zusätzlicher Schulungen für den Bediener oder Wartungspersonal oder eine Kombination davon. Zum Beispiel könnte im Fall eines Hauptantriebsmotors, der mit einem nicht kontinuierlichen Nennschild ausgestattet ist, der Motor mit einer niedrigeren Leistung näher an seiner kontinuierlichen Nennleistung betrieben werden, um die Ausfallzeit für Wartungsarbeiten zu reduzieren.

Wartung und Routineinspektion

Dies sind einfache Aufgaben, die darauf abzielen, (1) die Ausfallrate und das Ausfallmuster durch routinemäßige Wartung (d. h. Schmierung, Filterwechsel, andere Auffüllungsaufgaben) wie vorhergesagt aufrechtzuerhalten; (2) zufällige Schäden zu erkennen; (3) Probleme zu erkennen, die aus Unwissenheit oder Nachlässigkeit resultieren; oder (4) auf unbefriedigende Ergebnisse von Zustandsüberwachungstechniken zu reagieren. Sie bieten die Möglichkeit, die allgemeinen Wartungsstandards auf einem zufriedenstellenden Niveau zu halten. Diese Aufgaben basieren nicht auf einem expliziten potenziellen Ausfallzustand. Wartung und Routineinspektion können auch auf Elemente angewendet werden, die relativ unbedeutende Ausfallfolgen haben, aber nicht ignoriert werden sollten (kleine Lecks, Tropfen usw.).

Kapitel 3
Geplante und zustandsüberwachende (prädiktive) Wartung

Geplante Wartung

Geplante Wartung ist eine Ausfallmanagementstrategie, die die inhärente Zuverlässigkeit oder Leistung des Geräts wiederherstellt. Diese Aufgaben werden am besten bei Geräten eingesetzt, die unter altersbedingten Ausfällen leiden (z. B. Verschleißausfallcharakteristik). Das Grundprinzip der geplanten Wartung besteht darin, dass die Wahrscheinlichkeit eines Ausfalls am besten verwaltet werden kann, indem das Gerät zu einem bestimmten Zeitpunkt vor dem erwarteten Ausfall wiederhergestellt oder verworfen wird. Nach diesem Prinzip werden die geplanten Wartungsaufgaben in festgelegten Intervallen durchgeführt, unabhängig davon, ob ein Ausfall bevorsteht oder nicht. Die Wiederherstellung des Geräts oder dessen Verwerfung und Ersetzung durch ein neues Gerät verhindert den Ausfall.

Alter-zu-Ausfall-Beziehung

Die Alter-zu-Ausfall-Beziehung (oder Verschleißausfallcharakteristik) ist in den Ausfallmustern A und B, die in Kap. 2 besprochen werden, deutlich erkennbar. Andere Ausfallmodi von Geräten können eine weniger ausgeprägte Verschleißcharakteristik aufweisen, wie z. B. im Ausfallmuster C. Konzeptionell stellt die Durchführung geplanter Wartung jedoch die Zuverlässigkeit der Geräte für diese Ausfallmuster wieder her. Damit geplante Wartung bei der Verwaltung des Ausfalls wirksam wird, muss der Ausfallmodus eine klare Lebensdauer aufweisen und die meisten Geräte müssen diese Lebensdauer erreichen. Abb. 3.1 zeigt die Verschleißperiode für das Ausfallmuster B.

Geplante Wartung bietet eine effektive Ausfallmanagementstrategie für Verschleißausfälle, da die bedingte Ausfallwahrscheinlichkeit auf ungefähr ihre anfängliche Ausfallrate reduziert wird (z. B. Ausfallrate zum Zeitpunkt null). Abb. 3.2

A. A. Olsen, *Zustandsüberwachung und Instandhaltungstechniken maritimer Ausrüstung*, https://doi.org/10.1007/978-3-031-76884-2_3

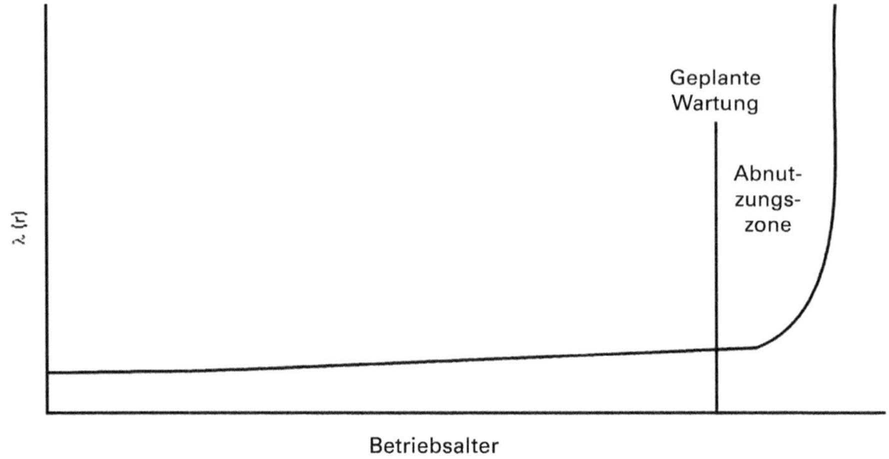

Abb. 3.1 Klassisches Ausfallprofil, das für geplante Wartung verwendet wird

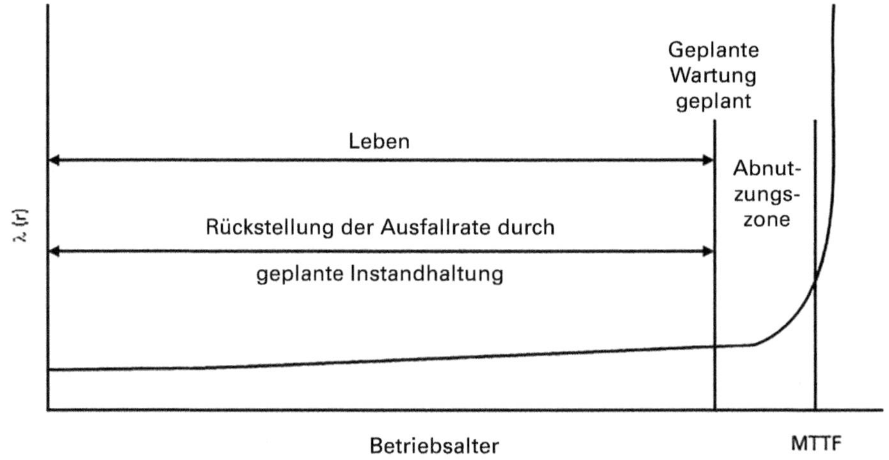

Abb. 3.2 Ausfallprofil, das die Wirkung der Durchführung einer geplanten Aufgabe veranschaulicht

zeigt die „Zurücksetzung" der Ausfallratenkurve, die durch die Durchführung einer geplanten Wartungsaufgabe entsteht.

Es wird davon ausgegangen, dass die Wiederherstellungs- und Verwerfungsaufgabe das Gerät in einen nahezu „neuen" Zustand versetzt. Wenn der Ausfallmodus des Geräts jedoch sowohl Einlauf- als auch Verschleißausfallmuster aufweist (z. B. Ausfallmuster A), können zusätzliche Aufgaben oder eine einmalige Änderung erforderlich sein, um den Einlauf zu verwalten, der nach der geplanten Wartungsaufgabe wahrscheinlich auftritt (z. B. die Wiederinbetriebnahme einer Gasturbine oder eines Dieselmotors nach einer umfangreichen Reparatur/Überholung).

Anwendbarkeit und Wirksamkeit geplanter Wartungsaufgaben

Damit eine geplante Wartungsaufgabe als anwendbar und wirksam angesehen werden kann, sollten folgende Überlegungen angestellt werden:

(1) *Ist die Aufgabe technisch durchführbar?* Die Alter-zu-Ausfall-Beziehung muss einigermaßen konsistent sein und die Aufgabe muss physisch durchführbar sein.
(2) *Reduziert die Aufgabe die Ausfallwahrscheinlichkeit (und damit das Risiko) auf ein akzeptables Niveau?* Die Aufgaben müssen in einem Intervall durchgeführt werden, das kürzer ist als das Alter, in dem das Gerät oder die Komponente einen schnellen Anstieg der bedingten Ausfallwahrscheinlichkeit zeigt. Vereinbarte Risikokriterien sollten festgelegt und aufgezeichnet werden.
(3) *Ist die Aufgabe kosteneffektiv?* Die Kosten für die Durchführung einer Aufgabe über einen bestimmten Zeitraum sollten geringer sein als die Gesamtkosten der Ausfallfolgen.

Alternativ sollten bei der Entscheidung, ob die geplante Wartungsaufgabe eine Wiederherstellungs- oder Verwerfungsaufgabe sein sollte, folgende Überlegungen angestellt werden:

(1) *Stellt die Aufgabe die Zuverlässigkeit und Leistung des Geräts sicher?* Wenn das Gerät wiederhergestellt wird, muss es in einen nahezu neuen Zustand versetzt werden.
(2) *Ist die Aufgabe kosteneffektiv?* Die Kosten für die Wiederherstellung des Geräts sollten geringer sein als die Verwerfung des Geräts und dessen Ersetzung durch ein neues Gerät.

Bestimmung des Intervalls für geplante Wartungsaufgaben

Wir können das Intervall, in dem geplante Wartungsaufgaben durchgeführt werden sollten, mit verschiedenen Methoden bestimmen:

(1) Informationen des Geräteherstellers
(2) Expertenmeinung
(3) Veröffentlichte Zuverlässigkeitsdaten
(4) Statistische Analyse (z. B. Weibull) der tatsächlichen Ausfallhistorie, einschließlich der MTTF-Daten

Regulatorische Anforderungen (z. B. Klassenvorschriften) sollten ebenfalls berücksichtigt werden, insbesondere wenn die Daten nicht ausreichen, um ein Intervall für geplante Wartungsarbeiten zu bestimmen. Darüber hinaus sollten die potenziellen Konsequenzen (z. B. die daraus resultierenden Auswirkungen) und das damit verbundene Risiko bei der Bestimmung eines Intervalls für geplante Wartungsarbeiten berücksichtigt werden. RCM verwendet zwei Konzepte zur Bestimmung eines Intervalls für geplante Wartungsarbeiten: die sichere Lebensdauergrenze und wirtschaftliche Lebensdauergrenze. Diese Grenzen sind in den Abb. 3.3 und 3.4 dargestellt.

Wenn der Ausfallmodus zu einer schweren Sicherheits- oder Umweltauswirkung oder einem höchstrisikoreichen Ereignis führen könnte, wird das Intervall für die geplante Wartungsaufgabe unter Verwendung des sicheren Grenzkonzepts festgelegt. Das bedeutet, dass das Aufgabenintervall so festgelegt wird, dass die Wahrscheinlichkeit eines Ausfalls vor der Durchführung der geplanten Wartungsaufgabe gering ist. Dies bedeutet in der Regel, dass das Intervall weit vor dem MTTF-Punkt festgelegt wird. Die wirtschaftliche Lebensdauergrenze wird für alle anderen Ausfallmodi verwendet. In diesem Modell basiert das Aufgabenintervall auf der Wirtschaftlichkeit der Aufgabe und der erwarteten Lebensdauer des Geräts. In diesem Fall kann das Aufgabenintervall vor, bei oder nach dem MTTF-Punkt liegen. Da nur wenige Betriebe derzeit über genügend Daten verfügen, um optimale Intervalle für geplante Wartungsaufgaben zu bestimmen, wird die anfängliche Aufgabenfrequenz in der Regel auf einen konservativen Wert festgelegt (insbesondere für höchstrisikoreiche Ausfallmodi) und dann optimiert, wenn die Aufgabe durchgeführt wird. Allerdings kann eine zu häufige Durchführung geplanter Wartungsarbeiten zu einer erhöhten Ausfallrate führen. Diese erhöhte Ausfallrate ist auf menschliche Fehler während der Aufgabe und/oder auf Verschleißfehler zurückzuführen.

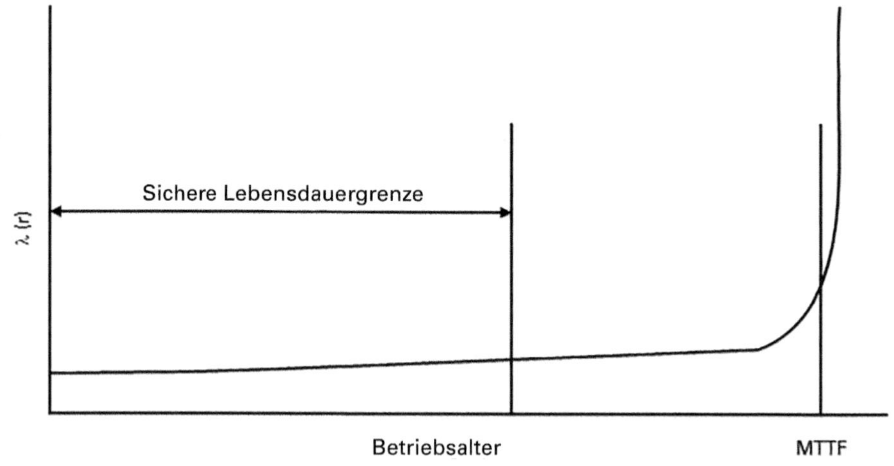

Abb. 3.3 Sichere Lebensdauergrenze

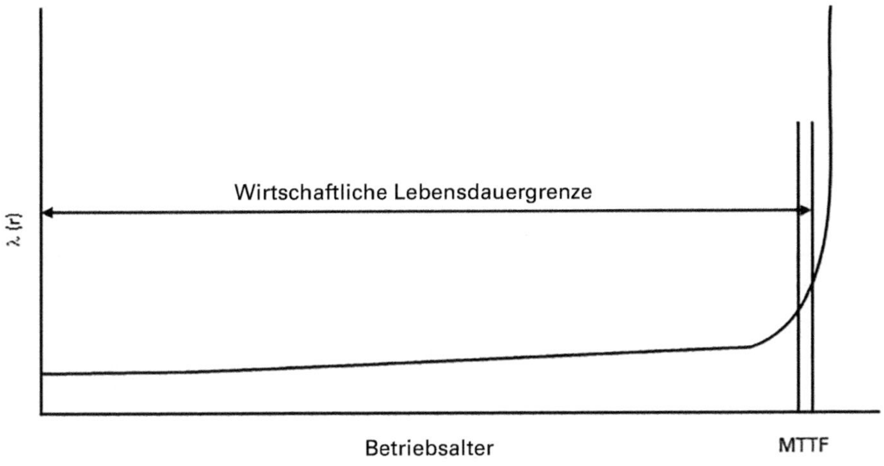

Abb. 3.4 Wirtschaftliche Lebensdauergrenze

Zustandsüberwachende (prädikative) Wartung

Potenzielles Fehlerdiagramm (P–F)

Obwohl viele Ausfallmodi nicht altersbedingt sind, geben die meisten von ihnen eine Art Warnung, dass sie im Begriff sind aufzutreten oder kurz davor stehen. Wenn Hinweise darauf gefunden werden können, dass sich etwas im Endstadium eines Ausfalls befindet, kann es möglich sein, Maßnahmen zu ergreifen, um einen vollständigen Ausfall zu verhindern und somit die Konsequenzen zu vermeiden. Abb. 3.5 zeigt die Endstadien eines Ausfalls, die sogenannte P–F-Kurve. Abb. 3.5 verdeutlicht, wie sich ein Zustand bis zu dem Punkt verschlechtert, an dem er erkannt werden kann (Punkt P), und dann, wenn er nicht erkannt und korrigiert wird, sich weiter verschlechtert, bis er den Punkt des Funktionsausfalls (Punkt F) erreicht. (Ein Funktionsausfall ist eine Beschreibung, wie das Gerät eine bestimmte Funktion nicht auf dem gewünschten Leistungsniveau ausführen kann.) In der Praxis gibt es viele Möglichkeiten, festzustellen, ob Ausfälle im Begriff sind aufzutreten (d. h. heiße Stellen, die auf eine Verschlechterung der Ofenauskleidung oder der elektrischen Isolierung hinweisen, Vibrationen, die auf einen bevorstehenden Lagerausfall hinweisen, zunehmender Gehalt an Verunreinigungen im Schmieröl). Wenn ein potenzieller Ausfall zwischen Punkt P und Punkt F erkannt wird, kann es möglich sein, Maßnahmen zu ergreifen, um den Funktionsausfall zu verhindern (oder zumindest die Auswirkungen zu minimieren), bevor der Ausfall auftritt. Aufgaben, die darauf abzielen, potenzielle Ausfälle zu erkennen, werden als Zustandsüberwachungsaufgaben bezeichnet.

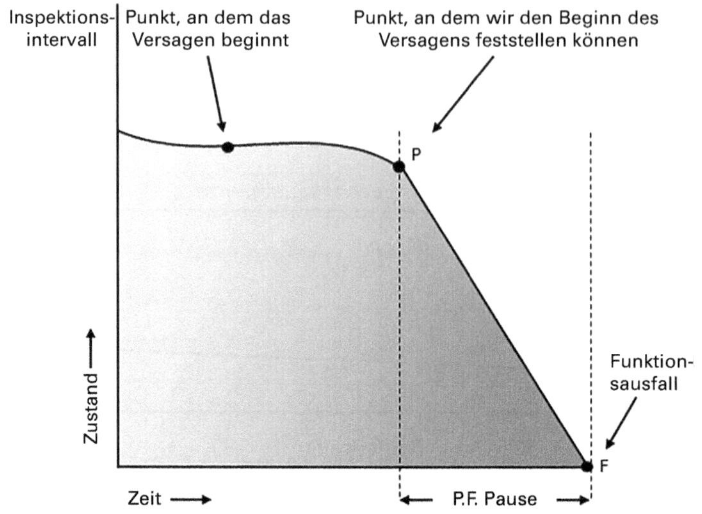

Abb. 3.5 P–F-Diagramm zur Auswahl der Aufgabenfrequenz

Das P–F-Intervall

Das Zeitintervall zwischen Punkt P und Punkt F in Abb. 3.5 wird als „P–F-Intervall" bezeichnet. Dies ist die Warnzeit (d. h. die Zeit zwischen dem Punkt, an dem der potenzielle Ausfall erkennbar wird, und dem Punkt, an dem er sich zu einem Funktionsausfall verschlechtert). Wenn eine Zustandsüberwachungsaufgabe in Intervallen durchgeführt wird, die länger als das P–F-Intervall sind, kann der potenzielle Ausfall möglicherweise nicht erkannt werden. Andererseits, wenn die Zustandsüberwachungsaufgabe zu häufig im Vergleich zum P–F-Intervall durchgeführt wird, werden Ressourcen verschwendet. In der Industrie wird in der Regel ein Intervall von etwa der Hälfte des P–F-Intervalls gewählt. Im Falle einer Verschlechterung des Zustands wird die Zustandsüberwachungsaufgabe vor dem Auftreten eines Funktionsausfalls an Punkt F durchgeführt. Es sollte beachtet werden, dass das P–F-Intervall in der Praxis variieren und in einigen Fällen sehr inkonsistent sein kann. In diesen Fällen sollte ein Aufgabenintervall gewählt werden, das wesentlich kürzer ist als das kürzeste der wahrscheinlichen P–F-Intervalle. Technologische Verbesserungen haben die Speicherbeschränkungen für große Mengen an Zustandsüberwachungsdaten, die kontinuierlich statt periodisch gesammelt werden, erleichtert. Darüber hinaus können diese Daten per Satellit an Land zur Analyse durch den Gerätehersteller oder ein anderes Drittunternehmen übertragen werden. Der Analyst kann den zufriedenstellenden Betrieb des Geräts oder Systems überprüfen und im Falle einer Verschlechterung den Betreiber des betroffenen Bauteils benachrichtigen und Vorschläge zur Überprüfung und Reparatur des Bauteils machen.

Kategorien der zustandsüberwachenden Instandhaltung

Techniken der zustandsüberwachenden Wartung können in die folgenden Kategorien eingeteilt werden:

- Temperaturmessungen
- Dynamische Überwachung
- Ölanalyse
- Korrosionsüberwachung
- Zerstörungsfreie Prüfung
- Elektrische Prüfung
- Beobachtung und Überwachung

Kap. 4 bis 10 bieten Übersichten über diese Kategorien zusammen mit Auflistungen der in der Schifffahrtsindustrie häufig verwendeten Techniken. Tabellen anderer verwandter Techniken, die in landgestützten Industrien angewendet werden, werden ebenfalls zur Betrachtung bereitgestellt.

Anwendbarkeit und Wirksamkeit von zustandsüberwachenden Wartungsaufgaben

Damit eine zustandsüberwachende Instandhaltungsaufgabe als anwendbar und wirksam angesehen werden kann, sollten die folgenden Punkte berücksichtigt werden:

(1) *Beginn des Ausfalls ist erkennbar.* Es gibt einen messbaren Parameter, der die Verschlechterung des Zustands der Ausrüstung erkennen kann. Darüber hinaus sollte Wartungspersonal in der Lage sein, Grenzen festzulegen, um zu bestimmen, wann Korrekturmaßnahmen erforderlich sind.

(2) *Angemessen konsistentes P–F-Intervall.* Das P–F-Intervall ist so, dass Korrekturmaßnahmen nicht vorzeitig durchgeführt werden oder dass ein Ausfall auftritt, bevor Korrekturmaßnahmen durchgeführt werden.

(3) *Praktisches Intervall, in dem zustandsüberwachende Aufgaben durchgeführt werden können.* Das P–F-Intervall ist ausreichend, um ein praktisches Aufgabenintervall zu ermöglichen. Beispielsweise wäre ein Ausfall mit einem P–F-Intervall von Minuten oder Stunden kein geeigneter Grund für manuell gesammelte Daten aus einer zustandsüberwachenden Instandhaltungsaufgabe. Ein automatisiertes Gerät, das den Zustand sehr häufig bewertet und in der Lage ist, die Anlage abzuschalten, wäre jedoch eine geeignete Lösung.

(4) *Ausreichende Warnung, damit Korrekturmaßnahmen durchgeführt werden können.* Das P–F-Intervall ist lang genug, um die Durchführung von Korrekturmaßnahmen zu ermöglichen. Dies kann bestimmt werden, indem das Aufgabenintervall vom erwarteten P–F-Intervall subtrahiert wird und dann

beurteilt wird, ob genügend Zeit bleibt, um die notwendigen Korrekturmaßnahmen zu ergreifen.

(5) *Reduziert die Ausfallwahrscheinlichkeit (und damit das Risiko) auf ein akzeptables Niveau.* Die Aufgaben werden in einem Intervall durchgeführt, sodass die Ausfallwahrscheinlichkeit ein akzeptables Risikoniveau ermöglicht. Vereinbarte Kriterien zur Risikoakzeptanz sollten festgelegt und aufgezeichnet werden.

(6) *Kosteneffektivität.* Die Kosten für die Durchführung einer Aufgabe über einen bestimmten Zeitraum sollten geringer sein als die Gesamtkosten der Folgen eines Ausfalls.

Bestimmung der Intervalle für zustandsüberwachende Wartungsaufgaben

Die Intervalle für zustandsüberwachende Wartungsaufgaben sollten basierend auf dem erwarteten P–F-Intervall bestimmt werden. Die folgenden Quellen können als Hilfe zur Bestimmung des P–F-Intervalls herangezogen werden:

(1) Expertenmeinung und -urteil (d. h. Empfehlungen des Herstellers)
(2) Veröffentlichte Informationen über zustandsüberwachende Aufgaben
(3) Historische Daten (d. h. geschätzte MTTF aus vorhandenen Daten, aktuelle Intervalle für zustandsüberwachende Aufgaben)

Intervall für zustandsüberwachende Aufgaben

Das Intervall für eine zustandsüberwachende Aufgabe sollte auf nicht mehr als die Hälfte des erwarteten P–F-Intervalls festgelegt und basierend auf den folgenden Überlegungen angepasst werden:

(1) Reduzieren Sie das Aufgabenintervall, wenn das P–F-Intervall minus das Aufgabenintervall (P–F-Intervall) nicht genügend Zeit bietet, um das Gerät zu stoppen und Korrekturmaßnahmen durchzuführen.
(2) Reduzieren Sie das Aufgabenintervall, wenn wenig Vertrauen in die „Schätzung“ des erwarteten P–F-Intervalls besteht.
(3) Reduzieren Sie das Aufgabenintervall für höheres Risiko von Ausfallmodi.
(4) Setzen Sie das Aufgabenintervall auf die Hälfte des erwarteten P–F-Intervalls (oder etwas darüber) für geringeres Risiko von Ausfallmodi.

Anfängliche Intervalle für zustandsüberwachende Aufgaben

Da nur wenige Organisationen detaillierte Kenntnisse über das P–F-Intervall des Geräteausfallmodus haben, können die folgenden Richtlinien verwendet werden, um anfängliche Intervalle für zustandsüberwachende Aufgaben festzulegen:

(1) Wenn eine bestehende zustandsüberwachende Aufgabe durchgeführt wird und sich als effektiv erwiesen hat (d. h. keine unerwarteten Ausfälle aufgetreten sind), verwenden Sie das bestehende Aufgabenintervall als anfängliches Standardaufgabenintervall.
(2) Wenn eine bestehende zustandsüberwachende Aufgabe durchgeführt wird und einige Funktionsausfälle aufgetreten sind, reduzieren Sie das Aufgabenintervall basierend auf den Erfahrungen.
(3) Wenn keine bestehende zustandsüberwachende Aufgabe durchgeführt wird oder eine neue zustandsüberwachende Aufgabe vorgeschlagen wird, muss das Aufgabenintervall auf der Schätzung des Teams des P–F-Intervalls und Richtlinien basieren. Die folgenden Fragen können dem Team helfen, das P–F-Intervall zu schätzen:
   - Wie schnell kann sich der Zustand verschlechtern und zu einem Funktionsausfall führen? Wird er sich in Minuten, Stunden, Tagen, Wochen, Monaten oder Jahren verschlechtern?
   - Wie fähig ist die zustandsüberwachende Aufgabe, den Beginn des Ausfalls zu erkennen? Hoch oder niedrig?
   - Wie zuversichtlich ist das Team in seinem Urteil?

Verbesserung des Verständnisses der P–F-Intervalle

Mit der Sammlung von Daten aus zustandsüberwachenden Aufgaben und der Umsetzung von Korrekturmaßnahmen werden die Betreiber von Schiffen ihr Verständnis des P–F-Intervalls verbessern. Angenommen, dass wöchentliche Schwingungsprüfungen an Pumpen in ähnlichem Betrieb durchgeführt werden. In mehreren Fällen erkennt die Schwingungsanalyse den Beginn von Ausfällen. Aufgrund von Planungsverzögerungen werden jedoch Korrekturmaßnahmen erst nach zusätzlichen sechs (6) bis acht (8) Wochen ergriffen. Während dieser Verzögerungszeit arbeiten die Pumpen weiterhin ordnungsgemäß. Das P–F-Intervall für diese Pumpen ist dann wahrscheinlich mindestens sechs (6) Wochen und das Aufgabenintervall kann auf drei (3) Wochen (1/2 von 6 Wochen) geändert werden. Die in den folgenden Abschnitten aufgeführten zustandsüberwachenden Techniken listen das erforderliche Qualifikationsniveau für das Personal auf, das die Daten erfasst und sammelt. Die Qualifikationsniveaus sind in vier Stufen unterteilt:

(1) *Keine spezifische Schulung erforderlich.* Das Erfassen und Aufzeichnen von Daten ist einfach und erfordert minimale oder keine Schulung zur Verwendung der Ausrüstung.
(2) *Geschulter halbqualifizierter Arbeiter zur Durchführung der Messungen.* Das Erfassen und Aufzeichnen von Daten erfordert eine Schulung in der Verwendung der Ausrüstung. Das Personal benötigt eine gewisse Schulung zur Interpretation der Daten, um sicherzustellen, dass die Daten korrekt und relevant sind.

(3) *Geschulter qualifizierter Arbeiter oder geschulter Labortechniker.* Das Erfassen und Aufzeichnen von Daten erfordert eine umfassende Schulung in der Verwendung der Ausrüstung. Das Personal benötigt eine Schulung zur Interpretation der Daten, um sicherzustellen, dass die Daten korrekt und relevant sind.
(4) *Geschulter und erfahrener Techniker.* Das Erfassen und Aufzeichnen von Daten erfordert eine umfassende Schulung in der Verwendung der Ausrüstung. Erfahrung ist notwendig, um Daten für spezielle oder ungewöhnliche Geräteinstallationen oder bei der Bewertung ungewöhnlicher oder verdächtiger Daten ordnungsgemäß zu erfassen oder zu bewerten. Das Personal benötigt auch eine Schulung zur Interpretation der Daten, um sicherzustellen, dass die Daten korrekt und relevant sind.

Festlegung von Aktionsgrenzen für zustandsüberwachende Wartungsaufgaben

Ein weiterer Aspekt einer zustandsüberwachenden Wartungsaufgabe ist die Festlegung von Aktionsgrenzen. Dies beinhaltet die Festlegung von Grenzen, die zu Korrekturmaßnahmen führen, wenn sie überschritten werden. Die Maßnahmen können Folgendes umfassen:

(1) Erneute Durchführung der zustandsüberwachenden Aufgabe zur Überprüfung der Ergebnisse
(2) Änderung des Aufgabenintervalls für eine engere/geringere Überwachung der Ausrüstung nach Bedarf
(3) Einleitung von Korrekturmaßnahmen zur Verhinderung des drohenden Geräteausfalls

Die Festlegung von Grenzen sollte die Effektivität der zustandsüberwachenden Aufgaben bei der Erkennung und Verhinderung von Ausfällen erhöhen.

Kapitel 4
Temperaturmessungen

Die Temperaturmessung (d. h. durch den Einsatz von Sensoren und Thermografie) hilft, potenzielle Ausfälle zu erkennen, die mit einer Temperaturänderung in der Ausrüstung zusammenhängen. Gemessene Temperaturänderungen können auf Probleme wie übermäßige mechanische Reibung (d. h. fehlerhafte Lager, unzureichende Schmierung), verschlechterten Wärmetransfer (d. h. Verschmutzung in einem Wärmetauscher) oder schlechte elektrische Verbindungen (d. h. lose, korrodierte oder oxidierte Verbindungen) hinweisen.

Temperaturmessungstechniken

Überblick über die Punkttemperatur

Die Punkttemperaturmessung bezieht sich auf die Temperatur eines Objekts unter Verwendung eines Geräts, das auf dessen Oberfläche oder im Inneren angewendet wird. Ein Vergleich mehrerer Eigenschaften von Temperatursensoren ist in Tab. 4.1 dargestellt. Die Auswahl eines geeigneten Geräts hängt vom Zweck der Temperaturmessung ab; z. B., wenn das richtige Gerät ausgewählt wird, ist es wichtig festzustellen, ob die gesammelten Temperaturdaten zur System-(Prozess-) Steuerung verwendet werden sollen oder ob die Temperaturen nur periodisch erfasst werden sollen.

A. A. Olsen, *Zustandsüberwachung und Instandhaltungstechniken maritimer Ausrüstung*, https://doi.org/10.1007/978-3-031-76884-2_4

Tab. 4.1 Vergleich der Temperaturmessverfahren[1], [2]

Gerätetyp	Ausgang/Empfindlichkeit	Bereich °C	Genauigkeit ± °C	Robustheit	Kosten[(1)]
Thermoelement	40 µV/°C	−270 bis 2300	1,5 bis 2,2	Hoch	Niedrig
Widerstandstemperaturdetektor (RTD)	0,385 Ω/°C (Pl) 0,806 Ω/°C (Ni) 0,039 Ω/°C (Cu)	−200 bis 600	0,2 (Pt) 0,5 (Ni) 0,7 (Cu)	Mittel	Mittel (Pt) Niedrig (Ni)
Thermistor	−70 bis −1500 Ω/°C	−50 bis 200	0,2	Hoch	Mittel
Bimetallische magnetische Messgeräte	Verdrängung	−100 bis 300	2	Hoch	Niedrig
Farbe/Aufkleber	Farbwechsel	−30 bis 1200	1 bis 20	Mittel	Niedrig
Infrarotthermografie	Farb- oder Graustufenbild	−20 bis 500 (1500 mit Filter)	Variiert mit der Kamera	Hoch	Mittel–Hoch

Hinweis

[(1)]Niedrige Kosten in der Größenordnung von 10 US-$; mittlere Kosten in der Größenordnung von 100 US-$; hohe Kosten in der Größenordnung von 1000 US-$

Installationsüberlegungen

Die Genauigkeit der Temperaturmessung kann durch die Platzierung des Geräts auf oder in der Ausrüstung sowie durch das Vorhandensein der Stromversorgung und/oder Signalleitungen beeinflusst werden. Nachfolgend ist eine Liste verschiedener Quellen von Temperaturmessfehlern aufgeführt, die bei der Auswahl, Platzierung und Installation eines Temperaturmessgeräts berücksichtigt werden sollten:

1. Gerätekalibrierungsfehler sind auf Offset-, Skalen- und Linearitätsfehler zurückzuführen. Darüber hinaus können diese Fehler mit der Zeit und Temperaturzyklen driften. Hysterese kann bei einigen Geräten wie Bimetallmessgeräten auftreten.
2. Thermische Gradienten können insbesondere bei der Messung von Flüssigkeiten mit schlechter Wärmeleitfähigkeit auftreten, wie Luft, die meisten

[1] www.capgo.com/Resources/Temperature/.

[2] www.minco.com/uploadedFiles/Products/sensors_ts103a_full.pdf.

Flüssigkeiten und nichtmetallische Feststoffe (d. h. Isolierung und Bordverarbeitungssysteme).

3. Wärmeleitung in Geräteanschlüssen kann Wärme in den oder aus dem Gerätekörper fließen lassen. Verwenden Sie die dünnsten praktischen Drähte für die Geräteinstallation. Platzieren Sie die Drähte in oder neben dem gemessenen Objekt. Minimieren Sie den thermischen Gradienten entlang der Gerätedrähte, indem Sie die Drähte in einem Winkel zum Gradienten platzieren.
4. Strahlung kann zu Fehlern bei der Temperaturmessung beitragen. Um diesen Effekt zu reduzieren, sollte das Gerät mit einer Beschichtung versehen werden, die hochreflektierend für Infrarotstrahlung ist, wenn möglich abgeschirmt und in gutem thermischen Kontakt mit dem gemessenen Material oder Objekt sein.
5. Bei Geräten, die eine Erregungsleistung erfordern, wie Widerstandstemperaturdetektoren (RTDs) und Thermistoren, kann eine Eigenerwärmung des Geräts auftreten. In einigen Fällen kann der Eigenerwärmungseffekt kalibriert werden. In anderen Fällen kann eine geringere Erregungsleistung angewendet oder in Betracht gezogen werden, die Erregungsleistung zwischen den Messungen auszuschalten.
6. Der thermische Kontakt mit dem gemessenen Material oder Objekt ist entscheidend. Parasitäre thermische Verbindungen wie die Leitungsführung des Geräts, direkter Kontakt mit anderen Materialien wie Luft und Strahlungsenergieübertragung können die Messungen beeinflussen.
7. Die thermische Zeitkonstante bezieht sich auf die Zeit, die ein Gerät benötigt, um 63 % des Weges zur neuen Temperatur zu erreichen. Dies variiert von Gerät zu Gerät. Wenn schnelle Temperaturänderungen erwartet werden, sollten Sie ein Gerät mit einer niedrigen thermischen Zeitkonstante in Betracht ziehen; verbessern Sie den thermischen Kontakt, reduzieren Sie die thermische Masse des Geräts und kompensieren Sie die Messwerte durch Anwendung eines inversen Abgleichfilters.
8. Ablesefehler können durch Kalibrierung des Ablesegeräts gegen eine bekannte Referenz und Kalibrierung des gesamten Geräteablesesystems gegen eine bekannte Referenz reduziert werden.
9. Elektrisches Rauschen oder Störungen können Fehler verursachen. Dies kann durch die Verwendung von abgeschirmten verdrillten Paarleitungen, die Installation von Drähten fern von Stromkabeln, Transformatoren und anderen elektrischen Maschinen, die Installation von Tiefpassfiltern in das Messgerät und die Vermeidung von Erdschleifen reduziert werden.
10. Manchmal kann sich Kondensation im Gerät und in den Leitungen ansammeln, insbesondere bei Installationen, die durch den Taupunkt zyklieren. Das Gerät und die Leitungen sollten abgedichtet werden. Verdunstende Kondensation kann zu Messfehlern führen.
11. Einige Geräte wie Folien-RTDs können durch mechanischen Stress beeinflusst werden. Das Gerät sollte nach der Installation keiner Verformung ausgesetzt werden. Vermeiden Sie die Verwendung von Klebstoffen beim Anbringen von Geräten. Die Unterschiede im linearen Ausdehnungskoeffizienten

führen zu mechanischem Stress. Verwenden Sie Geräte, die weniger empfindlich auf Stress reagieren, wie Thermoelemente.
12. Kalibrierung kann angewendet werden, damit die Geräte korrekte Ergebnisse liefern.

Punkttemperaturgeräte

Die in der Schifffahrtsindustrie verwendeten Punkttemperaturgeräte werden in den folgenden Absätzen besprochen. Eine kurze Erklärung der Funktionsweise sowie der Vor- und Nachteile jedes Geräts wird gegeben.

Thermoelement

Ein Thermoelement ist ein Gerät, das aus zwei Drähten aus unterschiedlichen Metallen besteht, die in der Nähe des Messpunkts (Verbindung) verbunden sind, einer Referenzverbindung und einem Messgerät. Der Ausgang ist eine kleine Spannung, die zwischen den beiden Drähten gemessen und von einem Instrument in eine Temperaturanzeige umgewandelt wird.

- Typisches P–F-Intervall: liefert einen kontinuierlichen Ausgang, tägliche mehrmalige Aufzeichnung der Daten
- Fähigkeitsniveau: keine spezielle Schulung erforderlich

Zu den Vorteilen dieser Technik gehören:

(1) Thermoelemente können robust und unempfindlich gegen Schock und Vibration sein.
(2) Sie sind über einen weiten Temperaturbereich nützlich.
(3) Keine Erregungsleistung oder Eigenerwärmung erforderlich.
(4) Sie können sehr klein gemacht werden.

Zu den Nachteilen dieser Technik zählen:

(1) Sie erzeugen ein niedriges, nichtlineares Ausgangssignal. Dies erfordert ein empfindliches und stabiles Messgerät, das eine Referenzverbindungskompensation und Linearisierung bereitstellen kann.
(2) Ein höheres Maß an Sorgfalt ist erforderlich, wenn der Installationsort bestimmt wird, um potenzielle Rauschquellen zu minimieren.
(3) Das Messgerät erfordert eine gute Rauschunterdrückungsfähigkeit.

Widerstandstemperaturfühler (RTDs)

Ein Widerstandstemperaturfühler (RTD) besteht aus einer gestreckten, feinen Drahtspule, die in einem Keramikrohr gestützt und geschützt ist, zusammen mit einem Messgerät. Film-RTDs bestehen aus einem dünnen Metallfilm auf einem keramischen oder gläsernen Substrat. Der elektrische Widerstand von Metallen ändert sich mit der Temperatur in einem vorhersehbaren und wiederholbaren Phänomen. RTDs aus Platin sind die genauesten, jedoch sind auch RTDs aus Nickel und Kupfer erhältlich, obwohl diese tendenziell etwas weniger genau sind. Siehe Tab. 4.1.

- Typisches P–F-Intervall: liefert einen kontinuierlichen Ausgang, tägliche mehrmalige Aufzeichnung der Daten
- Fähigkeitsniveau: keine spezielle Schulung erforderlich

Zu den Vorteilen dieser Technik gehören:

(1) Sie sind in einem kleineren Temperaturbereich nützlich.
(2) Sie erzeugen ein größeres und lineareres Ausgangssignal im Vergleich zu Thermoelementen.

Zu den Nachteilen dieser Technik zählen:

(1) RTDs sind weniger robust als Thermoelemente, wenn sie an Orten installiert werden, die Stößen und Vibrationen ausgesetzt sind.
(2) Sie erzeugen ein niedriges, nichtlineares Ausgangssignal. Dies erfordert ein empfindliches und stabiles Messgerät, das eine Referenzstellenkompensation und Linearisierung bieten kann.
(3) Ein höheres Maß an Sorgfalt ist erforderlich, um den Installationsort zu bestimmen, um potenzielle Rauschquellen zu minimieren.
(4) Das Messgerät erfordert eine gute Rauschunterdrückungsfähigkeit.

Thermistor

Thermistor-Temperatursensoren werden aus gesintertem Metalloxid in einer Keramikmatrix hergestellt, die den elektrischen Widerstand ändert, wenn sich die Temperatur ändert. Obwohl diese Geräte empfindlich auf kleine Temperaturänderungen reagieren, sind sie hochgradig nichtlinear. Thermistoren sind zuverlässig, robust und einfach zu verwenden. Es wird berichtet, dass es einen Mangel an Austauschbarkeit zwischen den Herstellern gibt, was ihre Anwendung in der Industrie einschränkt. Das typische P–F-Intervall und das Fähigkeitsniveau sind dieselben wie bei Thermoelementen und RTDs.

Bimetallische und magnetische Temperatursensoren

Ein bimetallischer Temperatursensor ist ein mechanisches Element, das aus zwei verschiedenen Metallen besteht, die miteinander verbunden sind. Wenn sich die Temperatur ändert, dehnen sich die beiden Metalle mit unterschiedlichen Expansionsraten aus, was zu einer Bewegung am freien Ende des bimetallischen Paares führt. Magnetische Temperatursensoren beziehen sich auf Geräte, die mit Magneten ausgestattet sind, um die Befestigung des Temperaturmessgeräts an einem beliebigen ferromagnetischen Objekt zu ermöglichen, dessen lokale Temperatur gewünscht wird.

- Typisches P–F-Intervall: liefert einen kontinuierlichen Ausgang, tägliche mehrmalige Aufzeichnung der Daten (dauerhaft installiert), Wochen bis Monate (magnetisch – nicht dauerhaft installiert)
- Fähigkeitsniveau: keine spezielle Schulung erforderlich

Temperaturanzeigende Farbe

Diese Kontaktmessungstechnik wird verwendet, um die Oberflächentemperatur von Objekten anzuzeigen, auf die eine spezielle Farbe aufgetragen wurde. Die Farbe ändert sich, wenn die Oberflächentemperatur des überwachten Objekts steigt, und behält die Farbe der höchsten Temperatur bei, der die Oberfläche ausgesetzt war. Diese Technik kann verwendet werden, um heiße Stellen und Isolationsfehler zu lokalisieren.

- Typisches P–F-Intervall: Wochen bis Monate
- Fähigkeitsniveau: keine spezielle Schulung erforderlich

Zu den Vorteilen dieser Technik gehören:

(1) Der Test ist einfach und es ist keine spezielle Schulung erforderlich, um die Ergebnisse zu beobachten.
(2) Die Farbe behält die Farbe der höchsten erreichten Temperatur bei und bietet somit eine dauerhafte Aufzeichnung.

Zu den Nachteilen dieser Technik zählen:

(1) Sobald sich die Farbe ändert, ändert sie sich nicht mehr zurück zur ursprünglichen Farbe.
(2) Die effektive Lebensdauer einer Anwendung der Farbe beträgt normalerweise ein (1) oder zwei (2) Jahre oder bis die Farbe sich ändert.

Infrarotthermografie

Diese berührungslose Technik verwendet Infrarotkameras, um die Temperatur von wärmestrahlenden Oberflächen innerhalb des Sichtfelds der Kamera zu messen. [***Hinweis:*** *Infrarotstrahlung wird von allen Objekten über der Temperatur des absoluten Nullpunkts (−273 °C (−459 °F)) emittiert*]. Die Kamera misst Temperaturvariationen auf der Oberfläche des überwachten Objekts und wandelt die Temperaturdaten in Video- oder Audiosignale um, die in einer Vielzahl von Formaten angezeigt oder aufgezeichnet werden können, um sie später zu analysieren. Diese Form der Zustandsüberwachung erzeugt Farb- oder Graustufenbilder, die Temperaturunterschiede auf der untersuchten Oberfläche identifizieren. Die Empfindlichkeit der Technik wird durch die Reflexivität des beobachteten Objekts beeinflusst. Die Kameras sind für eine breite Palette von Temperaturempfindlichkeiten und Auflösungen erhältlich. Diese Technik kann verwendet werden, um erhöhte, große, entfernte oder heiße Oberflächen zu scannen. Empfohlene Grenzwerte variieren je nach Anwendung. Jedoch ist ± ein vollständiges Farbband von dem, das mit dem normalen Temperaturbereich des Betriebs verbunden ist, normalerweise ein zufriedenstellender Bereich. Abb. 4.1, 4.2, 4.3, 4.4, 4.5, 4.6, 4.7 und 4.8 zeigen verschiedene Arten von Geräten mit Thermografiebildern, um zu demonstrieren, wie diese Technik angewendet werden kann.

Beachten Sie, dass die Kommentare zu den einzelnen Abbildungen nur zu Illustrationszwecken dienen. Die Interpretation von Thermogrammen erfordert ein Verständnis des Designs, der Funktion, der Betriebseigenschaften der Ausrüstung und ihres Betriebskontexts innerhalb des Systems. Infrarotthermografie sollte nur von geschultem, zertifiziertem und erfahrenem Personal zu Diagnosezwecken durchgeführt werden. Die Verwendung von Thermografietechniken zur Validierung von Reparaturen oder zur Überprüfung allgemeiner Bereichstemperaturen ist anwendbar, sollte jedoch mit Vorsicht und mit vollständigem Wissen über die Einschränkungen erfolgen. Infrarotkameras nutzen zwei Bereiche des Infrarotbands:

- Langwellenlänge (8–14 μm) für Temperaturen unter der Umgebungstemperatur
- Kurzwellenlänge (2–5 μm) für Temperaturen über der Umgebungstemperatur

Infrarotkameras müssen mit dem Emissionsgrad des zu bewertenden Objekts programmiert werden. Emissionsgrad ist ein Maß für die Fähigkeit eines Objekts, Strahlung abzugeben. Zum Beispiel beträgt der Emissionsgrad eines schwarzen Körpers, der ein perfekter Emitter und Absorber ist, 1. Die Kamera misst die tatsächliche Temperatur nur, wenn die Emissionsgradkorrektur genau ist. Die Qualität des Thermogramms kann durch folgende Faktoren beeinflusst werden:

- Der Abstand zwischen der Kamera und dem Objekt
- Übermäßige Feuchtigkeit in der gemessenen Umgebung, z. B. durch Regen oder kondensierten Dampf
- Fremdstrahlung, die von umliegenden Objekten oder hellem Sonnenlicht emittiert wird
- Das Vorhandensein von Isoliermaterial zwischen der Kamera und dem Objekt

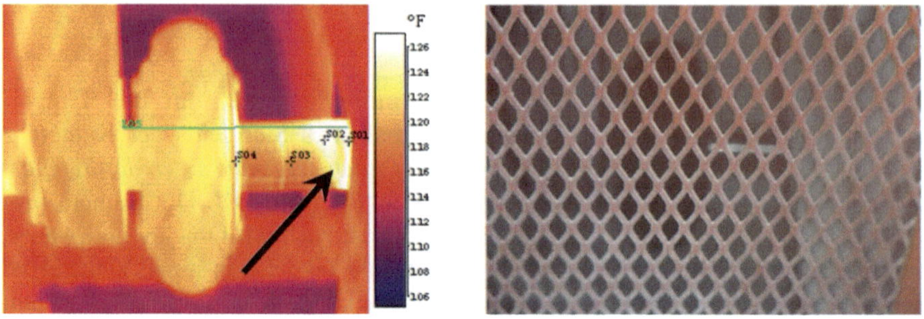

Abb. 4.1 Infrarotthermografie – Kupplerausrichtung.[3] Fotografien mit Genehmigung der Peterson Predictive Maintenance verwendet

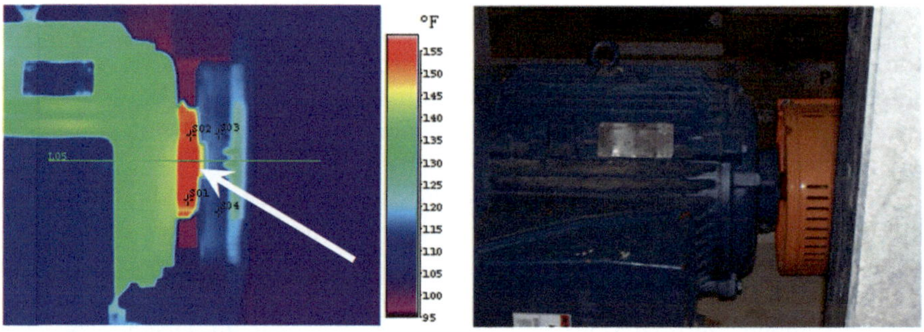

Abb. 4.2 Infrarotthermografie – Elektromotorlager.[4] Fotografien mit Genehmigung der Peterson Predictive Maintenance verwendet

- Die Form (wie der Winkel zur Kamera) und der Oberflächenzustand

Bei der Betrachtung der Leistung einer Infrarotkamera werden die folgenden Eigenschaften zur Berücksichtigung empfohlen:

- *Genauigkeit.* Das Maß für die Differenz zwischen der tatsächlichen Temperatur und der gemessenen Temperatur.
- *Umgebungstemperatur.* Der Temperaturbereich, in dem die Kamera sicher betrieben werden kann.
- *Räumliche Auflösung.* Das Maß für die Feinheit der Details, die direkt proportional zur Anzahl der Pixel sind, die das Bild darstellen.

[3] http://petersonpredict.com/gallery.htm.

[4] http://petersonpredict.com/gallery.htm

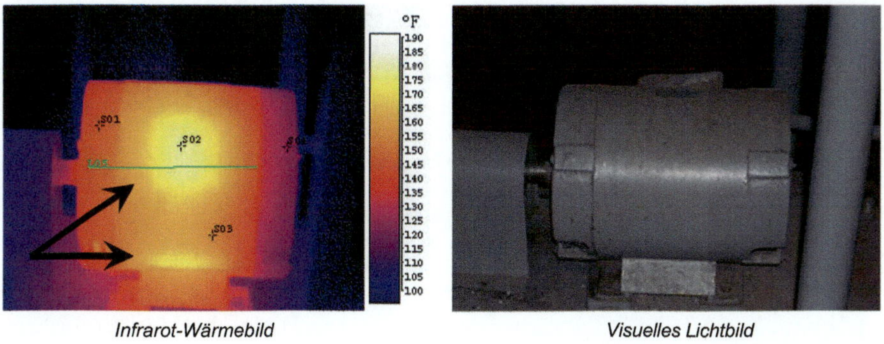

Abb. 4.3 Infrarotthermografie – heißer Elektromotor.[5] Fotografien mit Genehmigung der Peterson Predictive Maintenance verwendet

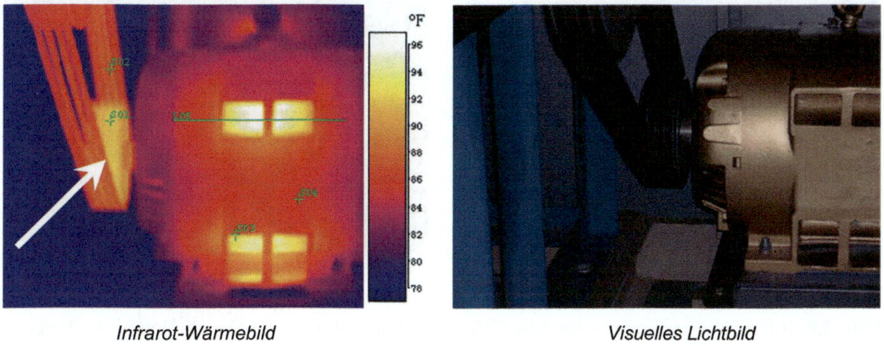

Abb. 4.4 Infrarotthermografie – rutschende Riemen.[6] Fotografien mit Genehmigung der Peterson Predictive Maintenance verwendet

- *Punktgrößenverhältnis.* Das Verhältnis, das die maximale Entfernung darstellt, die die Kamera von einem Ziel einer bestimmten Größe entfernt sein kann und dennoch die Temperaturmessgenauigkeit beibehält.
- *Temperaturbereich.* Temperaturmessungen von −40 °C (−40 °F) bis 2000 °C (3632 °F) sind mit modernen Kameras möglich. Viele Kameras sind in der Lage, −20 °C (−4 °F) bis 500 °C (932 °F) zu messen und mit der Verwendung eines Filters den oberen Bereich auf 1500 °C (2732 °F) zu erweitern.
- *Thermische Auflösung.* Der kleinste Temperaturunterschied, der zwischen zwei Messungen ausgedrückt werden kann.

[5] http://petersonpredict.com/gallery.htm.

[6] http://petersonpredict.com/gallery.htm.

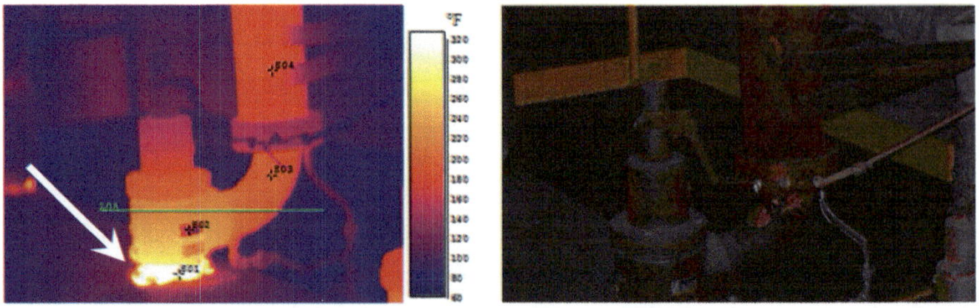

Infrarot-Wärmebild *Visuelles Lichtbild*

Abb. 4.5 Infrarotthermografie – Kesselventil.[7] Fotografien mit Genehmigung der Peterson Predictive Maintenance verwendet

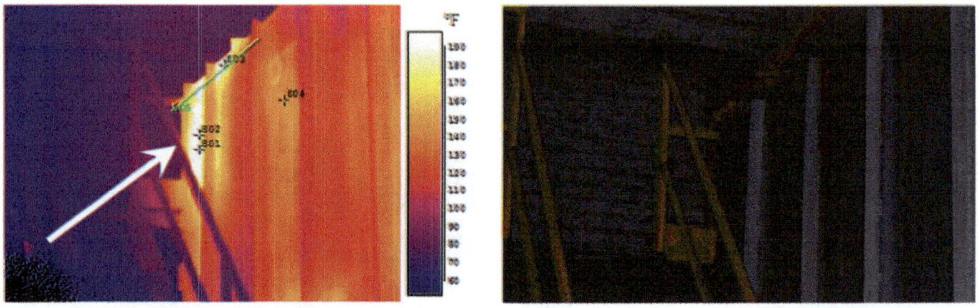

Infrarot-Wärmebild *Visuelles Lichtbild*

Abb. 4.6 Infrarotthermografie – Kesselverkleidung.[8] Fotografien mit Genehmigung der Peterson Predictive Maintenance verwendet

- *Thermische Empfindlichkeit.* Die kleinste Änderung des Strahlungsniveaus, die das Instrument registrieren kann, ausgedrückt in Temperatur.

- Typisches P–F-Intervall: Minuten* bis Monate (* für fest installierte Kameras)
- Fähigkeitsniveau: ausgebildeter und erfahrener Techniker

[7] http://petersonpredict.com/gallery.htm.

[8] http://petersonpredict.com/gallery.htm.

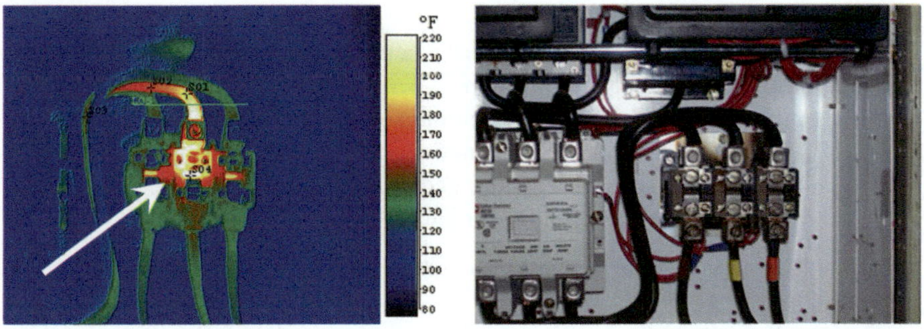

Infrarot-Wärmebild *Visuelles Lichtbild*

Abb. 4.7 Infrarotthermografie – Heizblock.[9] Fotografien mit Genehmigung von Peterson Predictive Maintenance verwendet

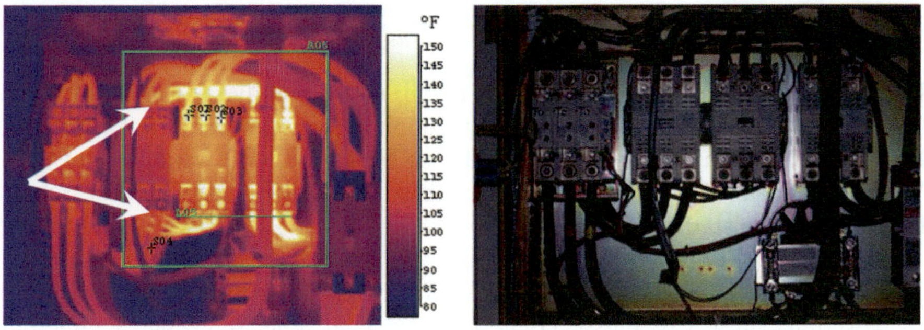

Infrarot-Wärmebild *Visuelles Lichtbild*

Abb. 4.8 Infrarotthermografie – Frequenzumrichter.[10] Fotografien mit Genehmigung von Peterson Predictive Maintenance verwendet

Zu den Vorteilen dieser Technik gehören:

(1) Kameras können tragbar sein und gelten im Allgemeinen als einfach zu bedienen.
(2) Es liefert dramatische Bilder des Temperaturprofils des Objekts.
(3) Es bietet berührungslose Tests (d. h. sicher zur Messung von unter Spannung stehenden elektrischen Systemen, kann das Objekt messen, ohne seine Temperatur zu stören).

[9] http://petersonpredict.com/gallery.htm.

[10] http://petersonpredict.com/gallery.htm.

(4) Die Temperatur großer Oberflächenbereiche kann schnell und kontinuierlich beobachtet werden.
(5) Es gibt eine Vielzahl von Ausstattungsoptionen, darunter verschiedene Objektive und Zoom-Ansichtsfunktionen.
(6) Testdaten können aufgezeichnet, gedruckt, protokolliert oder an andere digitale Geräte weitergeleitet werden.

Zu den Nachteilen dieser Technik zählen:

(1) Die Ausrüstungskosten gelten als moderat bis teuer. Der Preis reicht von 400 US-, abhängig von der Empfindlichkeit des Instruments und verschiedenen Funktionen.[11, 12]
(2) Die Interpretation der Ergebnisse erfordert Schulung und Erfahrung.
(3) Die Kameras messen nicht gut durch Metall- oder Glasgehäuse oder -barrieren.

Beobachtung: Beobachten Sie die Hitze (weiß) rechts von dieser Kupplung. Diese hohe Hitze an einem Lager neben einer Kupplung weist normalerweise auf eine leichte Fehlstellung dieser Wellen hin. Diese Maschine wird weiterhin auf diese Weise betrieben; aber die Lebensdauer dieser Lager wird aufgrund der zusätzlichen Belastung stark verkürzt.

Beobachtung: Beobachten Sie die Hitze, die in diesem Innenlager entsteht. Es ist notwendig, die Lagerbelastung zu bestimmen, um diese Beobachtungen richtig zu bewerten. Diese Ergebnisse können entweder auf eine schlechte Schmierung oder ein Ausrichtungsproblem hinweisen. Wenn die Fehlstellung signifikant ist, wird die Kupplung selbst, als das flexibelste Bauteil, zuerst heiß. Lager sollten immer kühler sein als die Mitte des Motors, in dem sie sich befinden.

Beobachtung: Das Thermogramm für diesen Elektromotor zeigt an, dass er möglicherweise zu heiß läuft. Das Thermogramm zeigt jedoch nicht die Umgebungstemperatur an, um festzustellen, ob die angezeigten Motortemperaturen die spezifizierten 40 °C (104 °F) Umgebungstemperatur für den maximalen Temperaturanstieg überschreiten. Sobald ein Motor diese maximale Temperatur für längere Zeit erreicht, wird die Lebenserwartung des Motors halbiert. Für jede 10 °C (50 °F) über diesem maximalen Temperaturanstieg wird die Lebenserwartung erneut halbiert. Eine Überhitzung um 20 °C (68 °F) kann die erwartete Lebensdauer eines 20-jährigen Motors auf eine 5-jährige Lebensdauer reduzieren. Elektromotoren, die ihre Umgebungstemperatur überschreiten, können überlastet oder überfettet sein.

[11] American Infrared.

[12] http://www.americaninfrared.com/Home.asp.

Beobachtung: Dies ist ein häufiges Problem bei riemengetriebenen Geräten. Die Riemen in diesem Bild rutschen ein wenig, was dazu führt, dass sich die Riemenscheibe durch dic mit dem Rutschen verbundene Reibung erwärmt. Wenn dieser Zustand nicht behoben wird, werden die Riemen heißer und das Rutschen nimmt zu, was zum Ausfall des Riemens führt.

Beobachtung: Dieses Bild zeigt ein Kesseldruckventil, das an seiner Verbindung zum Kesselsammler undicht ist. Dies ist nicht nur gefährlich, sondern auch sehr kostspielig aufgrund des verlorenen Dampfs. Dieser Zustand muss schnell behoben werden.

Beobachtung: In der oberen Ecke dieses Kessels gibt es einen Hinweis darauf, dass das feuerfeste Material abgebaut wird, wodurch die Wärme durch das äußere Gehäuse geleitet wird. Die Effizienz dieses Kessels ist reduziert und der fortgesetzte Betrieb kann zu Schäden am äußeren Gehäuse führen.

Beobachtung: Die B-Phasen-Verbindung an diesem Heizblock scheint eine schlechte Verbindung zu haben. Beachten Sie, wie die Wärme abnimmt, je weiter man sich von der Verbindung entfernt. Das deutet normalerweise darauf hin, dass die Drahtverbindung locker oder korrodiert ist.

Beobachtung: Dies ist eine neue Installation und mehrere Drahtverbindungen scheinen schlecht zu sein. Dies kann bei neuen Installationen häufig vorkommen, da sich der Draht mit der Wärme der Last ausdehnt und dann abkühlt, wenn die Last abgeschaltet ist. Die Befestigungsschraube bewegt sich nicht, sodass der Draht locker wird. Alle neuen Installationen sollten überprüft werden, nachdem sie in Betrieb genommen wurden.

Kapitel 5
Dynamische Überwachung

Dynamische Überwachung (d. h. Spektrumanalyse, Ultraschallanalyse) ist ein Prozess, der das Messen und Analysieren der von mechanischen Geräten in Form von Wellen (wie Vibrationen, Impulse und akustische Effekte) über einen bestimmten Zeitraum hinweg emittierten Energie umfasst. Die gemessenen Veränderungen der Vibrationseigenschaften von Geräten im Laufe der Zeit können auf Probleme wie Verschleiß, Unwucht, Fehlausrichtung und Schäden hinweisen. Diese Messungen können von einfachen bis hin zu komplexen Messungen und Analysen variieren und können kontinuierlich oder periodisch erfasst werden.

Allgemein

Vibrationsparameter

Die Eigenschaft, die die Schwere der Vibration beschreibt, wird als „Vibrationsamplitude" bezeichnet. Dies kann als „Spitzen-Spitzen-Wert", „Spitzenwert", „Durchschnittswert" und „quadratischer Mittelwert" (RMS) erklärt werden. Abb. 5.1 zeigt die Beziehung zwischen diesen Beschreibungen. Die Spitzen-Spitzen-Amplitude ist nützlich, um die maximale Amplitude der Schwingungsverlagerung zu beschreiben. Dies kann auf eine Maschinenkomponente angewendet werden, um maximale Spannungen oder mechanische Freigaben zu bestimmen. Die Spitzen-Geschwindigkeitsamplitude ist nützlich, um das Niveau von kurzzeitigen Stößen anzuzeigen. Es ist jedoch zu beachten, dass die Spitzenamplitude nur angibt, welches maximale Niveau aufgetreten ist und nicht die Zeitgeschichte der Welle berücksichtigt. Obwohl der Durchschnittswert (manchmal als „gleichgerichteter Durchschnittswert" bezeichnet) die Zeitgeschichte der Welle berücksichtigt, wird er als von begrenztem praktischem Interesse angesehen, da keine

A. A. Olsen, *Zustandsüberwachung und Instandhaltungstechniken maritimer Ausrüstung*, https://doi.org/10.1007/978-3-031-76884-2_5

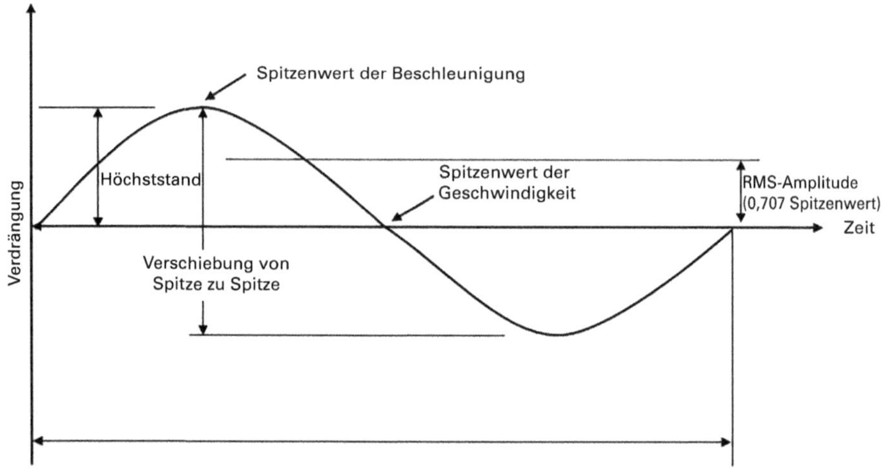

Abb. 5.1 Beziehungen für Vibrationsamplitude bei sinusförmiger Welle

direkte Beziehung zu einer nützlichen physikalischen Größe besteht. Die RMS-Amplitude ist das nützlichste Maß, da sie die Zeitgeschichte der Welle berücksichtigt und daher einen Amplitudenwert liefert, der direkt mit dem Energiegehalt zusammenhängt. Folglich kann die RMS-Amplitude Informationen über die Zerstörungskraft der Vibration liefern. Daraus können die Vibrationsparameter in Bezug auf Verlagerung, Geschwindigkeit und Beschleunigung gemessen werden. Für eine sinusförmige Welle[1] werden die mathematischen Beziehungen zwischen diesen drei Begriffen in Tab. 5.1 gezeigt.

Basislinienmessung

Basisliniendaten werden gesammelt, wenn das Gerät zufriedenstellend bei seiner normalen, stabilen Last und Geschwindigkeit arbeitet und die umliegenden Geräte ebenfalls normal arbeiten. Für Geräte, die für variable Geschwindigkeit, Last oder beides ausgelegt sind, ist es notwendig, einen Testbetriebszustand zu wählen, der als „Standardtestbedingung“ bekannt ist. Zukünftige gesammelte Daten können dann mit den Basisliniendaten verglichen werden, um Änderungen im „Gesundheitszustand“ des Geräts zu bestimmen. Wenn das Gerät neu ist oder überholt oder repariert wurde, kann es notwendig sein, dem Gerät Zeit zu geben, sich

[1] Eine Sinuswelle oder sinusförmige Welle ist die natürlichste Darstellung dafür, wie viele Dinge in der Natur ihren Zustand ändern. Zum Beispiel zeigt eine Sinuswelle, wie sich die Amplitude einer Variablen (z. B. ein Audiosignal) im Laufe der Zeit ändert.

Tab. 5.1 Vergleich der Vibrationsparameter für eine sinusförmige Welle[2, 3]

Vibrationsparameter (Spitze)	Einheiten	Verlagerung	Geschwindigkeit	Beschleunigung	Frequenzbereich[(4)]
Verschiebung (D_p) (Amplitude)[(1)] Verschiebung (D_{p-p}) (Spitze zu Spitze)	µm oder mm (in)	D_p D_{p-p}	$0{,}159\frac{V_p}{f}$ $0{,}138\frac{V_p}{f}$	$0{,}0253\frac{A_p}{f^2}$ $0{,}0358\frac{A_{rms}}{f^2}$ $0{,}0507\frac{A_p}{f^2}$ $0{,}0716\frac{A_{rms}}{f^2}$	1 bis< 200 Hz
Geschwindigkeit (V_p) (Spitze)	mm/s (in/s)	$6{,}28fD_p$ $3{,}14fD_{p-p}$	V_p	$0{,}159\frac{A_p}{f}$ $0{,}225\frac{A_{rms}}{f}$	10 bis< 2.000 Hz[(5)]
Beschleunigung (A_{rms})[(2,3)] Beschleunigung (A_p)	mm/s^2 (in/s^2)	$27{,}9f^2D_p$ $14{,}0f^2D_{p-p}$	$4{,}44fV_p$ $6{,}28fV_p$	A_{rms} A_p	1000 bis< 20.000 Hz[(5)]
Frequenz (f)	$Hz(s^{-1})$				

Anmerkungen
(1)$D_{p-p} = 2\ D_p$
(2)$A_{rms} = 0{,}707\ A_p$
(3)Um die Beschleunigung in Bezug auf die Schwerkraft „*g*" zu erhalten, teilen Sie das Ergebnis durch 9.806,65 mm/s^2 (386,089 in/s^2)
(4)Basierend auf *Introduction to Online machinery vibration textbook, vibration transducers, Overview*. Siehe Fußnote 2
(5)Für den Bereich 1000–2000 Hz sollten Messungen sowohl in Geschwindigkeit als auch in Beschleunigung aufgezeichnet werden

„einzulaufen", bevor Basislinienmessungen gesammelt werden. Geräte, die möglicherweise über einen langen Zeitraum betrieben wurden und relativ gesund sind, können dennoch Basisliniendaten aus früheren Analysen haben, die als Referenzpunkt verwendet werden können, um zukünftige Änderungen zu erkennen. Basisliniendaten von identischen Maschinen können zusammengefasst werden, um eine statistische Basislinie zu bilden, die genauer sein kann als jede Maschine, die ihre eigene Basislinie hat.

Messdatenerfassung

Dynamische Überwachungssysteme können Daten sammeln, die permanente, semipermanente oder tragbare Messgeräte nutzen. Bei fest installierten Systemen sind die Wandler, Verkabelung und zugehörige Signalverarbeitungs- und Analysegeräte dauer-

[2] Das Internationale Einheitensystem (SI), NIST Special Publication 330, Ausgabe 2001, Seite 29: http://physics.nist.gov/Document/sp330.pdf.

[3] Einführung in das Online-Lehrbuch zur Maschinenvibration, DLI Engineering Corp: http://www.dliengineering.com/vibman.htm.

haft installiert, wobei die Daten kontinuierlich oder periodisch gesammelt werden. Typische Installationen finden sich oft an komplexen Maschinen, kritischen Maschinen oder beidem (z. B. Systeme, die für die dynamische Positionierung und den Hauptantrieb des Schiffes verwendet werden). Es kann auf Kap. 12 verwiesen werden, um Anleitungen zur Fernüberwachung von Daten zu erhalten. Bei tragbaren Messgeräten werden Maschinendaten manuell periodisch an vorab ausgewählten, dauerhaft markierten oder befestigten Standorten gesammelt. Semipermanente Systeme können auch tragbare Messgeräte nutzen, obwohl die Sensoren in der Regel dauerhaft montiert sind, um Sicherheitsbedenken oder Zugangsbeschränkungen Rechnung zu tragen. Ein Beispiel hierfür könnte ein Motorlüfter sein, der sich in einem Plenum befindet, oder eine eingebaute Pumpe in einem Tank. Bei tragbaren Messsystemen werden die gesammelten Daten zur Analyse und Datenspeicherung sowie in einigen Fällen zur Verteilung an eine landseitige Datenbank auf andere Hardware (z. B. einen PC) übertragen. Der tragbare Ansatz wird häufig für Geräte mit längeren P–F-Intervallen verwendet, während fest installierte Systeme für Geräte mit kürzeren P–F-Intervallen verwendet werden. Es sollte bedacht werden, dass Messergebnisse häufig von den Betriebsbedingungen der untersuchten Maschinen oder von in der Nähe betriebenen Maschinen sowie von den Wetter- und Umweltbedingungen, denen das Schiff ausgesetzt ist, beeinflusst werden. Daher sollten aufeinanderfolgende Messungen so weit wie möglich unter konsistenten Bedingungen durchgeführt werden. Ein Beispiel: Schwingungsmessungen an Geräten, wenn das Schiff angedockt ist, könnten niedriger sein als Messungen an denselben Geräten, wenn das Schiff auf See ist. Darüber hinaus werden Schwingungsmessungen an einem Generator mit 30 % Nennlast wahrscheinlich niedriger sein als Messungen an demselben Generator, der mit 80 % Last betrieben wird.

Kalibrierung der Datenerfassungsausrüstung

Vibrationsmesssonden, Geschwindigkeitssensoren und Beschleunigungsmesser werden typischerweise mit einem detaillierten Kalibrierungszertifikat des Herstellers geliefert. Wenn das Gerät innerhalb seiner spezifizierten Umweltgrenzen gelagert und betrieben wird (d. h. nicht übermäßigen Stößen, Temperaturen, Feuchtigkeit usw. ausgesetzt ist), sollte die Literatur minimale Änderungen der Eigenschaften über einen Zeitraum von mehreren Jahren in der Größenordnung von <2 % berichten. Es ist jedoch notwendig, die Kalibrierung des Geräts regelmäßig zu überprüfen, um den ordnungsgemäßen Betrieb zu verifizieren, insbesondere wenn das Gerät repariert oder nahe an seinen spezifizierten Umweltgrenzen betrieben wurde. Der Gerätehersteller kann Anleitungen zur Kalibrierungshäufigkeit und Kalibrierungsausrüstung zur Durchführung von Tests bereitstellen. Ein Einzel- oder Mehrfrequenz-Präzisionsreferenzsignalgeber kann verwendet werden, um zu überprüfen, ob die Signalverarbeitungsausrüstung die

Frequenz innerhalb ihrer angegebenen Genauigkeit misst. Wenn die Messungen der Präzisionsreferenz außerhalb der Genauigkeitsgrenzen liegen, muss das Gerät zur Kalibrierung und gegebenenfalls Reparatur an den Hersteller gesendet werden.

Schwingungs- und Auswuchtgrenzen

Für die verschiedenen dynamischen Überwachungstechniken, die im Abschnitt *Dynamische Überwachungstechniken* unten aufgeführt sind, muss der Betreiber maximale Grenzwerte festlegen, bei denen Wartungseingriffe erfolgen sollten, um einen Funktionsausfall des Geräts oder Systems zu verhindern. Die in den Tab. 5.2 und 5.3 aufgeführten Grenzwerte dienen nur als Richtlinie. Weitere zusätzliche Anleitungen sind im Abschnitt *Schwingungsgrenzen-Ressourcen* enthalten, die aus verschiedenen ISO-Normen adaptiert wurden. Diese Grenzwerte müssen möglicherweise basierend auf den besonderen Umständen, unter denen das Gerät/System betrieben wird, angepasst werden. Schwingungsgrenzen können auf eine Gesamtvibrationsmessung oder auf ein spezifisches Frequenzband angewendet werden, das normalerweise mit einem Vielfachen oder Bruchteil der Betriebsgeschwindigkeit des Geräts zusammenhängt (d. h. 0,5-fach, 1,0, 2,0, 3,0, 10- bis 20-fach). Typischerweise wird zuerst eine Gesamtmessung durchgeführt und wenn das Ergebnis „hoch“ ist, wird eine detailliertere Analyse durchgeführt, um die Ursache der hohen Messung zu ermitteln. Als Referenz finden Sie im Abschnitt *Mechanische Schwingungen, Stöße und Zustandsüberwachung* eine Anleitung zur Auswuchtgrenze aus verschiedenen ISO-Normen. Diese Grenzwerte müssen möglicherweise basierend auf den besonderen Umständen, unter denen die Ausrüstung/das System betrieben wird, angepasst werden.

Dynamische Überwachungstechniken

Zeitverlaufsanalyse

Die Zeitverlaufsanalyse kann eine Vielzahl von mechanischen Instabilitäten identifizieren, einschließlich Problemen wie abgebrochene, rissige oder gebrochene Zähne, Fehlstellungen, Lockerheit oder Ungleichförmigkeit. Diese Technik verwendet ein Oszilloskop, das an den Ausgang eines Schwingungsanalysators oder Echtzeitanalysators angeschlossen ist. Durch Manipulation des Ausgangssignals des Analysators kann das Oszilloskop eine Wellenform erzeugen, die die Schwingung im überwachten dynamischen System darstellt. Diese Technik kann zur Überwachung von Getrieben, Pumpen und Wälzlagern verwendet werden.

Tab. 5.2 Kriterien für die Gesamtzustandsbewertung [Gesamtgeschwindigkeit – RMS (mm/s)][1,2,3,6]

Ausrüstung[1]	Gut	Fair	Niedriger Alarm[4,5,7]	Hoher Alarm[4,5,8]
Kompressoren				
Hubkolben	<5,9	5,9–9,0	9,0	13,5
Rotationsschraube	<4,9	4,9–7,6	7,6	11,7
Zentrifugal mit oder ohne externes Reduktionsgetriebe	<3,6	3,6–7,6	7,6	11,4
Zentrifugal – integriertes Reduktionsgetriebe (axiale Messungen)	<3,6	3,6–7,6	7,6	11,4
Zentrifugal – integriertes Reduktionsgetriebe (radiale Messungen)	<2,7	2,7–4,5	4,5	6,7
Gebläse				
Rotationsgebläse, Lobe-Typ	<5,4	5,4–8,1	8,1	12,1
Riemengetriebenes Gebläse	<4,9	4,9–7,6	7,6	11,7
Allgemeiner Direktantriebsventilator (mit Kupplungen)	<4,5	4,5–6,7	6,7	9,9
Primärluftventilator	<4,5	4,5–6,7	6,7	9,9
Großer, zwangsbelüfteter Ventilator	<3,6	3,6–5,4	5,4	8,1
Großer, induzierter Zugventilator	<3,1	3,1–4,9	4,9	7,2
Wellenmontierter Integralventilator (verlängerte Motorwelle)	<3,1	3,1–4,9	4,9	7,2
Schaufelaxialventilator	<2,7	2,7–4,5	4,5	6,7
Motorgeneratoren				
Riemenantrieb	<4,9	4,9–7,6	7,6	12,1
Direkt gekoppelt	<3,6	3,6–5,4	5,4	8,1
Kühler				
Hubkolben	<4,5	4,5–7,2	7,2	10,7
Zentrifugal (offene Luft) – Motor und Kompensator getrennt	<3,6	3,6–5,4	5,4	8,1
Zentrifugal (hermetisch) – Motor und Laufräder innen	<2,7	2,7–4,0	4,0	6,3
Große Turbinen/Generatoren				
3600 U/min Turbine/Generator	<3,1	3,1–4,9	4,9	7,2
1800 U/min Turbine/Generator	<2,7	2,7–4,0	4,0	6,3
Kreiselpumpen				
Vertikale Pumpe (12–20 ft / 3,66–6,10 m Höhe)	<6,7	6,7–10,7	10,7	16,2
Vertikale Pumpe (8–12 ft / 2,4–3,6 m Höhe)	<5,9	5,9–9,0	9,0	13,5
Vertikale Pumpe (5–8 ft / 1,5–2,4 m Höhe)	<4,5	4,5–7,2	7,2	10,7
Vertikale Pumpe (0–5 ft / 0–1,50 m Höhe)	<3,6	3,6–5,4	5,4	8,1

(Fortsetzung)

Tab. 5.2 (Fortsetzung)

Ausrüstung(1)	Gut	Fair	Niedriger Alarm(4,5,7)	Hoher Alarm(4,5,8)
Horizontale Mehrzweckpumpe mit Direktkupplung	<3,6	3,6–5,4	5,4	8,1
Kesselspeisepumpe	<3,6	3,6–5,4	5,4	8,1
Hydraulikpumpe	<2,3	2,3–3,6	3,6	5,4

Anmerkungen
(1)Anwendbar für Gerätespeeds von 600–60.000 U/min
(2)Messungen werden durch Beschleunigungsmesser oder Geschwindigkeitssensor so nah wie möglich am Lagergehäuse durchgeführt
(3)Geräte sind nicht auf Schwingungsisolatoren montiert. Für Geräte, die auf Schwingungsisolatoren montiert sind, sollten die Alarmgrenzen um 30–50 % erhöht werden
(4)Stellen Sie den Motoralarm wie für das Gerät ein, es sei denn, in der Tabelle ist etwas anderes angegeben
(5)Für einzelne externe Reduktionsgetriebe sollten die Alarmgrenzen 25 % höher eingestellt werden als für die Geräte, an die sie angeschlossen sind
(6)Diese Kriterien basieren auf angewandter Erfahrung von Technical Associates of Charlotte, Inc.
(7)Das Gerät erfordert Wartung, um die Ursache der hohen Vibration zu bestimmen und zu reparieren
(8)Ein Geräteausfall steht unmittelbar bevor und das Gerät sollte abgeschaltet werden, um die Ursache der hohen Vibration zu bestimmen und zu reparieren

- Typisches P–F-Intervall: Wochen bis Monate
- Qualifikationsniveau: ausgebildeter und erfahrener Techniker

Zu den Vorteilen dieser Technik gehören:

(1) Die Analyse ist effektiv bei der Suche nach Schlägen, Impulsen, Instabilitäten und einer Vielzahl anderer interessanter Zustände.
(2) Die Technik liefert oft mehr Informationen als die Frequenzanalyse.

Zu den Nachteilen dieser Technik zählen:

(1) Die Zeitsignale können komplex und verwirrend sein.
(2) Die Tests können viel Zeit in Anspruch nehmen.
(3) Das Personal benötigt viel Übung und Erfahrung, um komplexe Wellenformen zu interpretieren.
(4) Falsch positive oder negative Diagnosen können auftreten, wenn der Test unter anderen Betriebsbedingungen als beim Basistest durchgeführt wird.

Tab. 5.3 Kriterien für die Gesamtzustandsbewertung [Gesamtgeschwindigkeit – Spitze (in/s)][1,2,3,6]

Ausrüstung[1]	Gut	Fair	Niedriger Alarm[4,5,7]	Hoher Alarm[4,5,8]
Kompressoren				
Hubkolben-Rotationsschraube	<0,325	0,325–0,500	0,500	0,750
Zentrifugal mit oder ohne externes Reduktionsgetriebe	<0,275	0,275–0,425	0,425	0,650
Primärluftgebläse	<0,200	0.200–0,300	0,300	0,450
Zentrifugal – integriertes Reduktionsgetriebe (axiale Messung)	<0,200	0,200–0,300	0,300	0,450
Zentrifugal – integriertes Reduktionsgetriebe (radiale Messung)	<0,150	0,150–0,250	0,250	0,375
Gebläse				
Rotationsgebläse, Lobe-Typ	<0,300	0,300–0,450	0,450	0,675
Riemengetriebenes Gebläse	<0,275	0,275–0,425	0,425	0,650
Allgemeines Direktantriebsgebläse (mit Kupplungen)	<0,250	0,250–0,375	0,375	0,550
Primärluftventilator	<0,250	0,250–0,375	0,375	0,550
Großer, zwangsbelüfteter Ventilator	<0,200	0,200–0,300	0,300	0,450
Großer, induzierter Zugventilator	<0,175	0,175–0,275	0,275	0,400
Wellenmontierter Integralventilator (verlängerte Motorwelle)	<0,175	0,175–0,275	0,275	0,400
Schaufelaxialventilator	<0,150	0,150–0,250	0,250	0,375
Motorgeneratoren				
Riemenantrieb	<0,275	0,275–0,425	0,425	0,675
Direkt gekoppelt	<0,200	0,200–0,300	0,300	0,450
Kühler				
Hubkolben	<0,250	0,250–0,400	0,400	0,600
Zentrifugal (offene Luft) – Motor und Kompensator getrennt	<0,200	0,200–0,300	0,300	0,450
Zentrifugal (hermetisch) – Motor und Laufräder innen	<0,150	0,150–0,225	0,225	0,350
Große Turbinen/Generatoren				
3600 U/min Turbine/Generator	<0,175	0,175–0,275	0,275	0,400
1800 U/min Turbine/Generator	<0,150	0,150–0,225	0,225	0,350
Kreiselpumpen				
Vertikale Pumpe (12–20 ft / 3,66–6,10 m Höhe)	<0,375	0,375–0,600	0,600	0,900
Vertikale Pumpe (8–12 ft / 2,4–3,6 m Höhe)	<0,325	0,325–0,500	0,500	0,750
Vertikale Pumpe (5–8 ft / 1,5–2,4 m Höhe)	<0,250	0,250–0,400	0,400	0,600

(Fortsetzung)

Tab. 5.3 (Fortsetzung)

Ausrüstung[1]	Gut	Fair	Niedriger Alarm[4,5,7]	Hoher Alarm[4,5,8]
Vertikale Pumpe (0–5 ft / 0–1,5 m Höhe)	<0,200	0,200–0,300	0,300	0,450
Allzweck-Horizontalpumpe direkt gekoppelt	<0,200	0,200–0,300	0,300	0,450
Kesselspeisepumpe	<0,200	0,200–0,300	0,300	0,450
Hydraulikpumpe	<0,125	0,125–0,200	0,200	0,300

Anmerkungen

(1)Anwendbar für Gerätespeeds von 600–60.000 U/min

(2)Messungen werden durch Beschleunigungsmesser oder Geschwindigkeitssensor so nah wie möglich am Lagergehäuse durchgeführt

(3)Geräte sind nicht auf Schwingungsisolatoren montiert. Für Geräte, die auf Schwingungsisolatoren montiert sind, sollten die Alarmgrenzen um 30–50% erhöht werden

(4)Stellen Sie den Motoralarm wie für das Gerät ein, es sei denn, in der Tab. ist etwas anderes angegeben

(5)Für einzelne externe Reduktionsgetriebe sollten die Alarmgrenzen 25% höher eingestellt werden als für die Geräte, an die sie angeschlossen sind

(6)Diese Kriterien basieren auf angewandten Erfahrungen von Technical Associates of Charlotte, Inc.

(7)Das Gerät erfordert Wartung, um die Ursache der hohen Vibration zu ermitteln und zu reparieren

(8)Ein Geräteausfall steht unmittelbar bevor und das Gerät sollte abgeschaltet werden, um die Ursache der hohen Vibration zu ermitteln und zu reparieren

Breitbandschwingungsanalyse

Durch die Verwendung der Breitbandschwingungsanalyse ist es möglich, Probleme zu identifizieren, indem das aktuelle Gesamtschwingungsniveau eines Geräts mit seinem zuvor aufgezeichneten Gesamtschwingungsniveau und dem anfänglichen (Basis-)Niveau verglichen wird. Diese Technik kann verwendet werden, um Änderungen der Schwingungseigenschaften zu überwachen, die auf Ermüdung, Verschleiß, Unwucht, Fehlstellung, mechanische Lockerheit, Turbulenzen usw. in Wellen, Getrieben, Riemenantrieben, Kompressoren, Motoren, Wälzlagern, Gleitlagern, Elektromotoren, Pumpen und Turbinen zurückzuführen sind. Diese Technik wird immer dann in Verbindung mit einer *Zeitverlaufsanalyse* oder *Spektrumanalyse* eingesetzt, wenn ein Problem vermutet wird. Für Geräte, die in ein vorbeugendes Wartungsprogramm oder RCM-Programm aufgenommen sind, muss bei Anwendung dieser Technik auch jährlich eine Spektrumanalyse durchgeführt werden, um den Zustand des Geräts zu überprüfen. Einige Gesamtschwingungskriterien nach Gerätetyp(en) sind in den Tab. 5.2 und 5.3 aufgeführt. Beachten Sie, dass die SI-Einheitswerte auf RMS basieren, während die US-Einheitswerte aufgrund der aktuellen Praktiken und Konventionen Spitzenwerte sind. Umrechnungsformeln sind in Tab. 5.1 aufgeführt.

- Typisches P–F-Intervall: Wochen bis Monate
- Qualifikationsniveau: ausgebildeter halbqualifizierter Arbeiter zur Durchführung der Messungen

Zu den Vorteilen dieser Technik gehören:

(1) Die Ausrüstung ist kostengünstig, tragbar und einfach zu bedienen.
(2) Es werden nur minimale Schwingungsdaten aufgezeichnet.
(3) Effektiv bei der Erkennung einer großen Unwucht von rotierenden Geräten.
(4) Interpretationen und Bewertungen können auf veröffentlichten Kriterien basieren.

Zu den Nachteilen dieser Technik zählen:

(1) Zufälliges Rauschen und Vibrationen von nahegelegenen Geräten stören die Tests.
(2) Das Breitbandsignal liefert wenig Informationen über die Art des Fehlers.
(3) Für die Basislinie (anfängliche Messung) trägt der höchste spektrale Höchstwert (normalerweise $\times$ 1 Drehzahl) am meisten zur Breitbandamplitude bei. Spektrale Spitzenwerte mit geringer Amplitude tragen wenig zur gesamten Breitbandamplitude bei. Daher kann es sein, dass, wenn diese niedrigeren Spektralpeaks wachsen, aber immer noch unter $\times$ 1 bleiben, das Gerät in einem fortgeschrittenen Zustand der Verschlechterung ist und dies wird nicht durch eine Erhöhung der Gesamtschwingung sichtbar.
(4) Diese Technik ist nicht sensibel genug und es ist schwierig, Alarmstufen festzulegen.
(5) Die ISO-Spezifikation für die Gesamtmessung berücksichtigt nur Schwingungen zwischen 10 und 1000 Hz. Komponenten in Maschinen können Schwingungen außerhalb dieses Bereichs erzeugen und daher wird die Verschlechterung dieser Komponenten die Gesamtschwingungsamplitude nicht beeinflussen.
(6) Falsch positive oder negative Diagnosen können auftreten, wenn der Test unter anderen Betriebsbedingungen als beim Basistest durchgeführt wird.

Spektrumanalyse

Die Spektrumanalyse transformiert Daten, die sich im Zeitbereich befinden, in den Frequenzbereich, indem der schnelle Fourier-Transformationsalgorithmus entweder vom Datensammler selbst oder über einen Host-Computer verwendet wird. Nachdem die Daten gesammelt und transformiert wurden (d. h. nach Frequenz organisiert), werden sie mit den Basis- oder Erwartungswerten verglichen. Probleme können dann identifiziert werden, indem die aktuellen Spektren des Geräts mit seinen vorherigen Spektren verglichen oder ein gemitteltes Basisspektrum verwendet wird, um Änderungen der Amplitude bei ausgewählten Frequenzen zu erkennen. Die Literatur, die jedem Gerät beiliegt, enthält spezifische Spektralmuster für jeden Ausfallmodus. Signale, die auf Schäden oder Verletzungen von Maschinenteilen hinweisen, sind nicht akzeptabel und sollten in keinem Vibrationssignal vorhanden sein. Diese Technik kann verwendet werden, um Wellen, Getriebe, Riemenantriebe, Kompressoren, Motoren, Wälzlager, Gleitlager, Elektromotoren, Pumpen, Ventilatoren, Turbinen, Reiniger und nahezu jede andere rotierende Maschine zu überwachen.

- Typisches P–F-Intervall: Wochen bis Monate
- Fähigkeitsniveau: ausgebildeter und erfahrener Techniker

Zu den Vorteilen dieser Technik gehören:

(1) Die Ausrüstung ist tragbar und, wenn sie mit einer Route vorprogrammiert ist, einfach zu bedienen.
(2) Es ist Hardware verfügbar, die die Probenahme und mathematische Transformation der Daten schnell und genau macht.
(3) Kleine Leistungsänderungen in der getesteten Ausrüstung können durch diese Tests identifiziert werden.
(4) Charakteristische Frequenzen und Spektralmuster ermöglichen es dem Analysten normalerweise, das Problem auf eine Komponente zu isolieren.

Zu den Nachteilen dieser Technik zählen:

(1) Zufälliges Rauschen und Vibrationen benachbarter Geräte können die Tests stören, es sei denn, es werden Standardtestbedingungen eingehalten.
(2) Falsch positive oder negative Diagnosen können auftreten, wenn der Test unter anderen Betriebsbedingungen als beim Basistest durchgeführt wird.
(3) Das Personal benötigt viel Übung und Erfahrung, um komplexe Spektren zu interpretieren und genaue und umsetzbare diagnostische Schlussfolgerungen zu ziehen.

Stoßpulsanalyse

Die Stoßpulsanalyse wird verwendet, um Wälzlager, Schlagwerkzeuge und Ventile oder Komponenten von Verbrennungsmotoren zu überwachen, bei denen Metall-auf-Metall-Kontakt eine Verschleißquelle darstellt. Messungen des Aufpralls der

Rollen werden mit der Lagerlaufbahn oder einem anderen Rollkontakt zwischen Gerätekomponenten durchgeführt, die eine Stoßpulslesung erzeugen, die sich ändert, wenn sich die Bedingungen innerhalb des Lagers oder der Komponente verschlechtern. Diese Technik verwendet einen Stoßpulsmesser, der speziell für den Typ und die Größe der getesteten Lager eingerichtet ist und ein Signal von einem Beschleunigungsmesser erhält, der an einem Lagergehäuse angebracht ist. Sie kann Probleme wie Schmiermittelprobleme, Probleme mit Öldichtungen und Packungen, falsche Lagerinstallation oder -ausrichtung identifizieren. Die Technik basiert auf dem Prinzip, dass Lagerschäden die Lagerringfrequenz anregen können, die dann mit einer genauen Frequenz basierend auf der Lagergeometrie vibriert. Die Frequenzen liegen typischerweise zwischen 8 und 30 kHz.

Es wird berichtet, dass diese Technik bei Lagern allein gut funktioniert, aber bei Lagern in Getrieben, Pumpen, Motoren usw. einige ernsthafte Einschränkungen aufweist, teilweise aufgrund der anderen „normalen" Frequenzen (z. B. Schaufelpassfrequenz, Zahnradmaschenfrequenz und Schlitzpassfrequenz), die bei den meisten Maschinen üblich sind. Die Stoßpulsanalyse sollte in Verbindung mit anderen Methoden (d. h. Spektrumanalyse, Zeit-Wellenform-Analyse usw.) bei der Bewertung von Lagerschäden verwendet werden. Ein Grenzwert von 30,0 dB wird in der Schifffahrtsindustrie häufig für die Stoßpulsaspekte der Lagerschadenbewertung verwendet. Die Platzierung der der Sonde zur Messung des Schockimpulses sollte in der Lastzone des Lagers erfolgen, was aufgrund der Positionierung von Kupplungsschutzvorrichtungen und anderen rotierenden Komponenten an der Maschine möglicherweise nicht möglich und gefährlich sein könnte.

- Typisches P–F-Intervall: Wochen bis Monate
- Fähigkeitsniveau: ausgebildeter und erfahrener Techniker

Zu den Vorteilen dieser Technik gehören:

(1) Die Testausrüstung ist tragbar und einfach zu bedienen.
(2) Testergebnisse sind im Wesentlichen sofort verfügbar.
(3) Die Empfindlichkeit des Tests wird im Allgemeinen als besser als die der herkömmliche Vibrationsanalyse angesehen.

Zu den Nachteilen dieser Technik zählen:

(1) Der Test ist auf Wälzlager beschränkt.
(2) Der Test ist stark abhängig von genauen Lagergrößen- und Geschwindigkeitsinformationen.
(3) Testergebnisse können durch benachbarte Geräte oder andere Komponenten innerhalb des Geräts sowie durch Kavitation, neue Lager, falsches Schmieren, Strömungsinstabilitäten und Getriebegeräusche beeinflusst werden.
(4) Das Platzieren der Instrumentensonde in der belasteten Zone des Lagers kann schwierig sein.

Ultraschallanalyse

Bei Verwendung als dynamische Überwachungstechnik hilft die Ultraschallanalyse, Veränderungen in den Schallmustern zu erkennen, die durch Probleme wie Verschleiß, Ermüdung und den Verschleiß von beweglichen Teilen verursacht werden. Ultraschall (d. h. hochfrequente Schallwellen, die über der menschlichen Wahrnehmung von 20 bis 100 kHz liegen), wird von einem Ultraschallübersetzer erfasst und dann in hörbare oder visuelle Ausgaben umgewandelt. Diese Technik kann verwendet werden, um Lagerermüdung oder -verschleiß zu überwachen.

- Typisches P–F-Intervall: stark variabel
- Fähigkeitsniveau: ausgebildeter Facharbeiter

Zu den Vorteilen dieser Technik gehören:

(1) Tests sind schnell und einfach durchzuführen.
(2) Der Ort der Geräuschquelle kann genau bestimmt werden.
(3) Ausrüstung ist tragbar und die Überwachung kann aus großer Entfernung erfolgen.

Ein Nachteil dieser Technik ist, dass zufällige Geräusche und Vibrationen von nahegelegenen Geräten die Tests stören können.

Hinweis: *siehe den Abschnitt über* Ultraschalllecksuche *und* Ultraschallfehlererkennung *in Kap. 8, für zerstörungsfreie Zustandsüberwachungstechniken für zusätzliche Fähigkeiten.*

Andere Techniken

Es gibt zahlreiche andere dynamische Überwachungstechniken zur Messung von Vibrationen. Eine ausgewählte Liste dieser zusätzlichen Techniken ist in Tab. 5.4 dargestellt. Im Allgemeinen wurden diese Techniken entwickelt, um bestimmte Komponentenfehler in Geräten oder Systemen zu adressieren. Die sorgfältige Anwendung dieser anderen Techniken ist erforderlich, um Fehler ordnungsgemäß zu überwachen.

Ressourcen für Vibrationsgrenzen

Nachfolgend sind ausgewählte Referenzen zu Zustandsüberwachung und Vibrationsmessung aufgeführt. ISO-Normen sind nach Unterausschussthemen zur leichteren Referenz aufgelistet. Diese Normen sind auf einige der in diesem Kapitel aufgeführten Techniken anwendbar. Da diese Normen periodisch überarbeitet oder ersetzt werden, sollten Benutzer einer Norm die Webseite der ISO (www.iso.org) überprüfen, um zu verifizieren, ob die aufgeführte Norm aktuell ist.

Mechanische Vibration, Stoß und Zustandsüberwachung

- ISO 1925: Mechanische Vibration – Auswuchten – Vokabular
- ISO 1940: Mechanische Vibration – Anforderungen an die Auswuchtgüte von Rotoren in einer Konstanten
  Teil 1: Spezifikation und Verifizierung von Auswuchttoleranzen; Anforderungen an die Auswuchtgüte von starren Rotoren
  Teil 2: Auswuchtfehler
- ISO 2017: Mechanische Vibration und Stoß – Elastische Montagesysteme
  Teil 1: Technische Informationen, die für die Anwendung von Isolationssystemen ausgetauscht werden sollen
  Teil 2: Technische Informationen, die für die Anwendung von Schwingungsisolierung im Zusammenhang mit Bahnsystemen ausgetauscht werden sollen
- ISO 2041: Vibration und Stoß – Vokabular
- ISO 3719: Mechanische Vibration – Symbole für Auswuchtmaschinen und zugehörige Instrumentierung
- ISO 7475: Mechanische Vibration – Auswuchtmaschinen – Gehäuse und andere Schutzmaßnahmen für die Messstation
- ISO 8821: Mechanische Vibration – Auswuchten – Konventionen für Wellen und Passungen
- ISO 11342: Mechanische Vibration – Methoden und Kriterien für das mechanische Auswuchten von flexiblen Rotoren
- ISO 21940: Mechanische Vibration – Rotorauswuchtung
  Teil 21: Beschreibung und Bewertung von Auswuchtmaschinen (Überarbeitung von ISO 2953: (1999))

Zustandsüberwachung und Diagnose von Maschinen

- ISO 13372: Zustandsüberwachung und Diagnose von Maschinen – Begriffe
- ISO 13374: Zustandsüberwachung und Diagnose von Maschinen – Datenverarbeitung, Kommunikation und Präsentation
  Teil 1: Allgemeine Richtlinie
  Teil 2: Datenverarbeitung
  Teil 3: Kommunikation
- ISO 13379: Zustandsüberwachung und Diagnose von Maschinen – Dateninterpretation und Diagnosetechniken
  Teil 1: Allgemeine Richtlinien

Tab. 5.4 Zusätzliche dynamische Überwachungstechniken[4]

Dynamische Überwachungstechniken	Überwachte Bedingungen	Typische P–F-Niveaus	Fähigkeitsniveau	Vorteile	Nachteile
Akustische Emission	Plastische Verformung und Rissverformung durch Ermüdung, Stress und Verschleiß	Wochen bis Monate	Ausgebildeter und erfahrener Techniker	Fernüberwachung von Fehlern Kann ganze Strukturen bewerten Messsysteme lassen sich schnell einrichten Hohe Empfindlichkeit Erkennt aktive Fehler Kann manchmal verwendet werden, um Ausfalllasten vorherzusagen	Struktur muss belastet werden Aktivität der Technik abhängig von Materialien Irrelevante elektrische und mechanische Geräusche können Messungen stören Bietet begrenzte Informationen über die Art des Fehlers Interpretation der Ergebnisse kann schwierig sein
Amplitude	Lagergeräusche, die durch Lärm überdeckt werden, Risse in Lagerringen, exzentrische oder beschädigte Zahnräder, mechanische Lockerheit	Wochen bis Monate	Ausgebildeter und erfahrener Techniker	Früherkennung von Problemen bei Getrieben und Lagern Erkennt periodische Impulse im Zusammenhang mit der Maschinengeschwindigkeit mit hochfrequenten Signaturen Funktioniert gut bei Anwendungen mit niedriger Geschwindigkeit	Hohe Fähigkeiten zur Interpretation der Ergebnisse erforderlich Schwierig bei langsam laufenden Lagern aufgrund kurzzeitiger transienter Spannungswellen umzusetzen

(Fortsetzung)

[4] Tabelle entwickelt aus Moubray, John, Reliability-centred maintenance, 2. Auflage, Industrial Press Inc. 1997, Anhang 4.

Tab. 5.4 (Fortsetzung)

Dynamische Überwachungstechniken	Überwachte Bedingungen	Typische P–F-Niveaus	Fähigkeitsniveau	Vorteile	Nachteile
Cepstrum	Verschleiß, der zu Oberschwingungen und Seitenbändern in Schwingungsspektren führt	Wochen bis Monate	Ausgebildeter und erfahrener Techniker	Kann Oberschwingungen und Seitenbänder analysieren, die sich in komplexen Maschinen überlappen Seitenbänder sind in den Spektren von Wälzlagern leicht zu lokalisieren Kann mit einer bestimmten Expertensystem-Software durchgeführt werden	Erfahrung und Fachwissen sind erforderlich, um Harmonische und Seitenbänder zu interpretieren
Dynamische Überwachungstechniken	Änderungen der Schwingungseigenschaften, die auf Ermüdung, Verschleiß, Unwucht, Fehlausrichtung, mechanische Lockerheit, Turbulenzen usw. zurückzuführen sind	Wochen bis Monate	Geschulter halbqualifizierter Arbeiter zur Messung, erfahrener Techniker zur Interpretation der Messungen	Einfach zu verwenden, wenn die Messparameter bestimmt sind Gut für große Frequenzbereiche und detaillierte Untersuchungen bei hohen Frequenzen Identifiziert mehrere Harmonische und Seitenbänder, die in konstanten Frequenzintervallen auftreten Tragbare Ausrüstung	Relativ lange Analysezeit Zur Interpretation der Ergebnisse ist ein tiefes Verständnis der Maschinenharmonischen und Seitenbänder erforderlich

(Fortsetzung)

Tab. 5.4 (Fortsetzung)

Dynamische Überwachungstechniken	Überwachte Bedingungen	Typische P–F-Niveaus	Fähigkeitsniveau	Vorteile	Nachteile
Analyse der konstanten prozentualen Bandbreite	Stoß und Vibration	Wochen bis Monate	Geschulter halbqualifizierter Arbeiter zur Messung Erfahrener Techniker zur Interpretation der Messungen	Analyse kann in „Echtzeit“ durchgeführt werden und ist schneller als FFT Spektren sind sehr gut für die schnelle Fehlererkennung Tragbare Ausrüstung	Hohe Fähigkeiten erforderlich, um die Ergebnisse zu interpretieren
Frequenzanalyse	Änderungen der Schwingungseigenschaften, die auf Ermüdung, Verschleiß, Unwucht, Fehlausrichtung, mechanische Lockerheit, Turbulenzen usw. zurückzuführen sind	Wochen bis Monate	Geschulter und erfahrener Techniker	Tragbare Ausrüstung Expertensoftware-Systeme können die Dateninterpretation vereinfachen Die Verwendung von Wasserfalldiagrammen kann Änderungen im Maschinenzustand frühzeitig erkennen	Erhebliche Übung und Erfahrung zur Interpretation der Ergebnisse erforderlich Spektren von Stößen und zufälligem Rauschen können ähnlich aussehen
Kurtosis	Stoßimpulse (auf Lager beschränkt)	Wochen bis Monate	Geschulter halbqualifizierter Arbeiter zur Messung	Anwendbar auf Materialien mit harter Oberfläche Tragbare Ausrüstung Der Kurtosis-Wert bezieht sich auf die Form des Stoßimpulses, aber nicht auf die Amplitude des Signals Einfach zu verwenden	Begrenzte Anwendung und beeinträchtigt durch Stoßgeräusche aus anderen Quellen Es wird empfohlen, gleichzeitig den RMS-Wert des Signals zu überwachen Wird fehlerhafte Ergebnisse für stetig zunehmende Signale ohne Stoßimpulse liefern Von einigen Benutzern als zu empfindlich angesehen

(Fortsetzung)

Tab. 5.4 (Fortsetzung)

Dynamische Überwachungstechniken	Überwachte Bedingungen	Typische P–F-Niveaus	Fähigkeitsniveau	Vorteile	Nachteile
Oktavbandanalyse	Änderungen der Schwingungseigenschaften, die auf Ermüdung, Verschleiß, Unwucht, Fehlausrichtung, mechanische Lockerheit, Turbulenzen usw. zurückzuführen sind	Wochen bis Monate	Geschulter halbqualifizierter Arbeiter zur Messung	Einfach zu verwenden, wenn die Messparameter vorher bestimmt sind Tragbare Ausrüstung Gute Erkennungsfähigkeiten mit fraktionalen Oktavfiltern	Begrenzte Informationen für diagnostische Zwecke Logarithmische Frequenzskala begrenzt die diagnostische Fähigkeit Relativ lange Analysezeit
Spitzenwertanalyse	Spannungswellen, die durch Metall-zu-Metall-Aufprall oder Metallrisse, Spannungsrisse oder Abrieb, Abplatzungen und abrasiven Verschleiß verursacht werden	Wochen bis Monate	Geschulter und erfahrener Techniker	Erkennt einige Fehler, die durch andere dynamische Überwachungstechniken möglicherweise nicht erkannt wurden Wird als konsistenter als Demodulation berichtet Ausgaben sind unabhängig von Maschinengeschwindigkeiten Anwendbar auf ein breites Frequenzspektrum von sehr niedrigen Wellen-Geschwindigkeiten bis zu hohen Geschwindigkeiten	Hohe Fähigkeiten und Erfahrung erforderlich, um die Ergebnisse zu interpretieren

(Fortsetzung)

Tab. 5.4 (Fortsetzung)

Dynamische Überwachungstechniken	Überwachte Bedingungen	Typische P–F-Niveaus	Fähigkeitsniveau	Vorteile	Nachteile
Proximity-Analyse	Fehlausrichtung, Ölwirbel, Reibungen, Unwucht/gebogene Wellen, Resonanz, wechselnde Kräfte, exzentrische Riemenscheiben und Zahnräder usw.	Tage bis Wochen	Geschulter und erfahrener Techniker	Bestimmt spezifische Probleme Kann zum Auswuchten verwendet werden Tragbare Ausrüstung Einfach zu verwenden	P–F-Intervall ist kurz Relativ lange Analysezeit Diagnostische Fähigkeit begrenzt
Echtzeitanalyse	Akustische und vibrationale Signale Messung und Analyse von Stoß- und Transientsignalen	Wochen bis Monate	Erfahrener Ingenieur zur Bedienung der Ausrüstung und Interpretation der Ergebnisse	Analysiert alle Frequenzbänder über den gesamten Analysebereich gleichzeitig Unmittelbare grafische Darstellung der analysierten Spektren Geeignet für die Analyse von Signalen kurzer Dauer Aufgezeichnete Daten können elektronisch gespeichert werden	Ausrüstung ist möglicherweise nicht tragbar und relativ teuer Hohes Maß an Fachkenntnissen Offline-Analyse

(Fortsetzung)

Tab. 5.4 (Fortsetzung)

Dynamische Überwachungstechniken	Überwachte Bedingungen	Typische P–F-Niveaus	Fähigkeitsniveau	Vorteile	Nachteile
Spike-Energie	Trockenlaufende Pumpen, Kavitation, Durchflussänderung, lockerer Sitz von Lagern, Lagerabnutzung, die Metall-zu-Metall-Kontakt verursacht, Oberflächenfehler von Zahnradzähnen, Hochdruckdampf- oder Luftstrom, Geräusche von Regelventilen, schlechte Lagerungsschmierung	Wochen bis Monate	Ausgebildeter und erfahrener Techniker	Empfindliche Hochfrequenzmessparameter zur Erkennung von Problemen bei dichtungslosen Pumpen, die mit Geschwindigkeitsmessern/Beschleunigungsmessern schwer zu erkennen sind	Hohe Fachkenntnisse und Erfahrung erforderlich, um die Ergebnisse zu interpretieren
Zeitsynchrone Mittelwertanalyse	Verschleiß, Ermüdung, Spannungswellen, die durch Metall-zu-Metall-Aufprall, Mikroschweißen usw. entstehen Auch Lockerheit, Reibungen und Schläge in Systemen	Wochen bis Monate	Ausgebildeter und erfahrener Techniker	Reduktionsgetriebe – speziell für einzelne Zahnräder – können im Detail analysiert werden Nützlich zur Analyse von Geräten mit vielen Komponenten, die mit nahezu gleicher Geschwindigkeit rotieren	Nicht vorgesehen für Unwucht oder Fehlausrichtung bei Maschinen mit normaler Geschwindigkeit oder mit Wälzlagern, da die Lagertöne nicht synchron mit der Drehzahl sind und herausgemittelt werden

- ISO 13380: Zustandsüberwachung und Diagnose von Maschinen – Allgemeine Richtlinien zur Verwendung von Leistungsparametern (ZURÜCKGEZOGEN: Ersetzt durch ISO 17359:2011)
- ISO 13381-1: Zustandsüberwachung und Diagnose von Maschinen – Prognosen.
  Teil 1: Allgemeine Richtlinien
- ISO 17359: Zustandsüberwachung und Diagnose von Maschinen – Allgemeine Richtlinien
- ISO 18436: Zustandsüberwachung und Diagnose von Maschinen – Anforderungen an die Qualifikation und Bewertung des Personals
  Teil 1: Anforderungen an Zertifizierungsstellen und den Bewertungsprozess
  Teil 2: Schwingungszustandsüberwachung und Diagnose
  Teil 3: Anforderungen an Schulungseinrichtungen und den Schulungsprozess
  Teil 4: Feldschmierstoffanalyse
  Teil 5: Labortechniker/Analytiker für Schmiermittel
  Teil 6: Akustische Emission
  Teil 7: Thermografie
- ISO 22096: Zustandsüberwachung und Diagnose von Maschinen – Akustische Emission

Messung und Bewertung von mechanischen Schwingungen und Stößen bei Maschinen, Fahrzeugen und Strukturen

- ANSI S2.29-2003: Richtlinien für die Messung und Bewertung von Schwingungen von Maschinenschäften an Bord von Schiffen
- ISO 4867: Code für die Messung und Berichterstattung von Schwingungsdaten an Bord von Schiffen
- ISO 4868: Code für die Messung und Berichterstattung von lokalen Schwingungsdaten von Schiffsstrukturen und -ausrüstungen
- ISO 6954: Mechanische Schwingungen – Richtlinien für die Messung, Berichterstattung und Bewertung von Schwingungen in Bezug auf die Bewohnbarkeit auf Passagier- und Handelsschiffen
- ISO 7919: Mechanische Schwingungen von nicht hin- und hergehenden Maschinen – Messungen an rotierenden Wellen und Bewertungskriterien
  Teil 1: Allgemeine Richtlinien
  Teil 2: Landgestützte Dampfturbinen und Generatoren mit einer Leistung von über 50 MW und normalen Betriebsgeschwindigkeiten von 1500 U/min, 1800 U/min, 3000 U/min und 3600 U/min
  Teil 3: Gekoppelte Industriemaschinen
  Teil 4: Gasturbinenanlagen mit Gleitlagern
  Teil 5: Maschinensätze in Wasserkraftwerken und Pumpanlagen
- ISO 10055: Mechanische Schwingungen – Schwingungsprüfanforderungen für Schiffsausrüstungen und Maschinenkomponenten

- ISO 10816: Mechanische Schwingungen – Bewertung von Maschinenschwingungen durch Messungen an nicht rotierenden Teilen
  Teil 1: Allgemeine Richtlinien
  Teil 3: Industriemaschinen mit einer Nennleistung von über 15 kW und Nennbetriebsdrehzahlen zwischen 120 U/min und 15.000 U/min bei Messungen vor Ort
  Teil 4: Gasturbinenanlagen ohne Flugzeugderivate
  Teil 5: Maschinensätze in Wasserkraftwerken und Pumpanlagen
  Teil 6: Hubkolbenmaschinen mit einer Leistung von über 100 kW
  Teil 7: Rotodynamische Pumpen für industrielle Anwendungen, einschließlich Messungen an rotierenden Wellen
  Teil 8: Hubkolbenkompressorsysteme
- ISO 13373: Zustandsüberwachung und Diagnose von Maschinen – Schwingungszustandsüberwachung
  Teil 1: Allgemeine Verfahren
  Teil 2: Verarbeitung, Analyse und Präsentation von Schwingungsdaten
- ISO 20283-3: Mechanische Schwingungen – Messung von Schwingungen auf Schiffen
  Teil 3: Schwingungsmessung vor der Installation von Schiffsausrüstungen
  Teil 4 und 1:2014: Messung und Bewertung der Schwingungen der Schiffsantriebsmaschinen
- Society of Naval Architects and Marine Engineers T&R Bulletin 3–42, 1987, „Richtlinien für die Verwendung der Schwingungsüberwachung zur vorbeugenden Wartung“ (www.sname.org)

Verwendung und Kalibrierung von Vibrations- und Schockmessgeräten

- ISO 5347: Methoden zur Kalibrierung von Vibrations- und Schockaufnehmern
  Teil 5: Kalibrierung durch Erdgravitation
  Teil 7: Primärkalibrierung durch Zentrifuge
  Teil 8: Primärkalibrierung durch doppelte Zentrifuge
  Teil 10: Primärkalibrierung durch Hochimpaktstöße
  Teil 11: Prüfung der Empfindlichkeit gegenüber Querbeschleunigungen
  Teil 12: Prüfung der Empfindlichkeit gegenüber Querschocks
  Teil 13: Prüfung der Empfindlichkeit gegenüber Basisverformungen
  Teil 14: Resonanzfrequenzprüfung von ungedämpften Beschleunigungsmessern auf einem Stahlblock
  Teil 15: Prüfung der akustischen Empfindlichkeit
  Teil 16: Prüfung der Empfindlichkeit gegenüber Montagedrehmomenten
  Teil 17: Prüfung der Empfindlichkeit bei fester Temperatur
  Teil 18: Prüfung der Empfindlichkeit gegenüber transienten Temperaturen
  Teil 19: Prüfung der Empfindlichkeit gegenüber Magnetfeldern

Teil 22: Resonanzprüfung von Beschleunigungsmessern – allgemeine Methoden

- ISO 5348: Mechanische Schwingungen und Stöße – mechanische Montage von Beschleunigungsmessern
- ISO 8042: Schock- und Schwingungsmessungen – spezifizierte Eigenschaften für seismische Aufnehmer
- ISO 10817: Messsysteme für Schwingungen rotierender Wellen
  Teil 1: Relative und absolute Erfassung von Radialschwingungen
- ISO 16063: Methoden zur Kalibrierung von Vibrations- und Schockwandlern
  Teil 1: Grundkonzepte
  Teil 11: Primärvibrationskalibrierung durch Laserinterferometrie
  Teil 12: Cor 1:2008 Primärvibrationskalibrierung durch das Reziprozitätsverfahren
  Teil 13: Primärschockkalibrierung mittels Laserinterferometrie
  Teil 15: Primärkalibrierung von Winkelschwingungen durch Laserinterferometrie
  Teil 16: Kalibrierung durch Erdgravitation
  Teil 21: Cor 1:2009 Vibrationskalibrierung durch Vergleich mit einem Referenzwandler
  Teil 22: Schockkalibrierung durch Vergleich mit einem Referenzwandler
  Teil 31: Prüfung der Empfindlichkeit gegenüber Querbeschleunigungen
  Teil 41: Kalibrierung von Laservibrometern

Kapitel 6
Ölanalyse

Ölanalysen (d. h. Ferrografie oder Partikelzählertests) können an vielen verschiedenen Arten von Ölen durchgeführt werden, einschließlich Schmieröl, Hydrauliköl und/oder elektrischen Isolierölen. Sie können Probleme wie Maschinenverschleiß (d. h. Abnutzung), Ölverunreinigung, falsche Ölzusammensetzung (d. h. falsche oder unzureichende Menge an Additiven) und Ölverschlechterung anzeigen. Ölanalysen basieren meist auf regelmäßig geplanten Probenahmen. Regelmäßige Probenahmen ermöglichen die Überwachung der Änderungsrate der gemessenen Parameter. Es gibt keine absoluten Richtlinien für die Häufigkeit der Probenahme, daher sollte die Häufigkeit der Analyse auf den Empfehlungen zur Bestimmung der Intervalle in Kap. 3 basieren, zusätzlich zu den Empfehlungen des Herstellers, der Kritikalität der Ausrüstung, Risikofaktoren und/oder der Ausrüstungshistorie.

Aspekte der Ölanalyse

Die in diesem Kapitel beschriebenen Tests überwachen alle oder einige der folgenden drei Aspekte des Öls:

- Zustand des Schmiermittels und/oder
- Verunreinigungen und/oder
- Maschinenverschleiß

Die Beurteilung des Schmiermittelzustands liefert Informationen darüber, ob das Öl für den weiteren Einsatz geeignet, aufbereitet, gefiltert, entwässert oder ersetzt werden muss. Verunreinigungen beziehen sich auf Fremdkörperpartikel oder Flüssigkeiten aus der Umgebung und können Schmutz, Wasser oder Prozessgase und -flüssigkeiten (d. h. Verbrennungsgase, Kühlflüssigkeiten) umfassen.

A. A. Olsen, *Zustandsüberwachung und Instandhaltungstechniken maritimer Ausrüstung*, https://doi.org/10.1007/978-3-031-76884-2_6

Das Vorhandensein einer zunehmenden Verunreinigungsrate sollte den Betreiber alarmieren, geeignete Abhilfemaßnahmen zu ergreifen, um das Öl zu retten und unnötigen Maschinenverschleiß zu vermeiden. Maschinenverschleiß bezieht sich auf Partikel, die von den Komponenten der Maschine erzeugt werden. Die Erkennung und Analyse dieser Partikel kann die abgenutzten Komponenten identifizieren. Dies bedeutet, dass Wartungsentscheidungen getroffen werden können, um zu bestimmen, ob Wartungsarbeiten durchgeführt werden sollen, um einen Maschinenausfall zu vermeiden. Die Qualität der Ölprobe beeinflusst direkt die Qualität der Analyseergebnisse. Daher muss darauf geachtet werden, dass die Probe repräsentativ für das Öl ist, das mit den Maschinenkomponenten in Kontakt steht. Zusätzlich muss das Gefäß, in das die Probe gezogen wird, steril sein, um eine unbeabsichtigte Verunreinigung der Ölprobe zu verhindern. Die beigefügte Liste der Informationen, die mit der Probe enthalten sein sollten, sollte im Voraus zwischen der Probenahmeeinrichtung und dem Prüflabor vereinbart werden. Die typischen Informationen, die zu diesem Zweck bereitgestellt werden sollten, gehören (aber nicht ausschließlich) die im Folgenden aufgeführten:

- Firmenname
- Schiffsname
- Systemname
- Komponentenname (falls zutreffend)
- Probenahmestelle mit einer Identifikationsnummer (falls verfügbar)
- Datum der Probenentnahme
- Schmiermittelmarke
- Betriebsstunden des Systems/der Komponente
- Anzahl der Stunden, die das Öl im Einsatz war

Nicht jede Probe muss zur Laboruntersuchung an Land geschickt werden. Einige Tests können an Bord mit tragbaren Probenahmegeräten durchgeführt werden. Für die an Land durchgeführten Tests werden die Proben gemäß den sichersten Transport-/Versandvorschriften an ein Labor geschickt. Der erwartete Erhalt der Analysedaten muss rechtzeitig erfolgen, damit der leitende Ingenieur Maßnahmen ergreifen kann, um Schäden an der überwachten Ausrüstung zu verhindern. Alternative Zustandsüberwachungstechniken oder die Installation von lokalen Testgeräten müssten in Betracht gezogen werden, wenn rechtzeitige Berichte aufgrund der Betriebsabläufe sowohl des Schiffes als auch des Prüflabors nicht praktikabel sind. Um Komplikationen aus diesen Situationen zu vermeiden, ist eine Inline-Überwachungstechnologie für die Ölanalyse verfügbar. In diesen Fällen wird der Sensor installiert und verdrahtet, um Analysedaten an ein Bordterminal zu übertragen. Nach Abschluss der Analyse sollte der leitende Ingenieur des Schiffes oder sein designierter Vertreter den Analysebericht überprüfen und entscheiden, ob Wartungsmaßnahmen erforderlich sind. Alle derartigen Überprüfungen sollten dokumentiert und an Bord aufbewahrt werden.

Zustandsüberwachungstechniken der Ölanalyse

Eine Zusammenfassung der relevanten Ölverschlechterungszustände und der vorgeschlagenen Zustandsüberwachungstechniken der Ölanalyse, die erforderlich sind, um diese Bedingungen zu erkennen, ist in Tab. 6.1 enthalten. Die Tabelle ist nach der zu überwachenden Bedingung, ihrer Zustandsüberwachungskategorie und der zu verwendenden Technik organisiert. Zusätzliche Informationen zu den Techniken und den erforderlichen Fähigkeiten zu deren Ausführung sind in den folgenden Absätzen enthalten (Tab. 6.2).

Atomemissionsspektroskopie

Die Atomemissionsspektroskopie identifiziert Probleme mit Verunreinigungen und Additiven und in begrenztem Umfang Korrosions- und Verschleißmetalle in Schmier- und Hydraulikölproben. Dies wird erreicht, indem die charakteristische Strahlung gemessen wird, die emittiert wird, wenn Proben hohen Energie- und Temperaturbedingungen ausgesetzt werden. Die Testergebnisse werden in Teilen pro Million (ppm) für eine Vielzahl von interessanten Elementen wie Eisen, Aluminium, Chrom, Kupfer, Blei, Zinn, Nickel und Silber sowie Komponenten von Öladditiven wie Bor, Zink, Phosphor und Kalzium angezeigt. Diese Technik kann zur Analyse von Öl verwendet werden, das in Diesel- und Benzinmotoren, Kompressoren, Getrieben, Getriebegehäusen und Hydrauliksystemen verwendet wird.

- Typisches P–F-Intervall: Wochen bis Monate
- Qualifikationsniveau: geschulter halbqualifizierter Arbeiter zur Probenahme und erfahrener Techniker zur Durchführung und Interpretation der Analyse

Zu den Vorteilen dieser Technik gehören:

(1) Die Tests sind relativ kostengünstig.
(2) Die Tests liefern schnelle und genaue Ergebnisse.
(3) Die Anzahl der identifizierten Elemente ist groß.

Zu den Nachteilen dieser Technik zählen:

(1) Die Tests identifizieren nicht den Verschleißprozess, der das Öl verunreinigt hat.
(2) Große Partikel (größer als 5 bis 7 μm) in der Probe werden möglicherweise nicht in den Ergebnissen gezählt.
(3) Der Gehalt an Additivelementen ist nicht unbedingt ein Indikator für die Erschöpfung des Additivpakets.
(4) Das nachgewiesene Element könnte Teil eines Additivs oder eines Verunreinigers sein (z. B. Na, K, Silizium).

Tab. 6.1 Ölanalyse und Tribologie

Bedingung	Zustandsüberwachungskategorie	Technik[i]	Zustandsänderung	Ursache	Maßnahme	Feststehende/tragbare Ausrüstung	P-F-Intervall	Fähigkeit
Kontamination Korrosion Partikel Ermüdung Partikel in Hydraulik- und Schmieröl Verschleiß	Verschleißpartikelanalyse	Ferrografie	Zunahme	Typischerweise durchgeführt an sauberen Systemen wie Hydraulik-, Turbinen- oder Steuergetrieben Zunahmen in diesem Bereich sind direkt mit Filtrationseffizienzen verbunden	Filter-Bypass-System überprüfen Filterbewertungen überprüfen Schmutzaufnahmekapazität des Filters überprüfen Quellen der Kontamination überprüfen	Tragbar	Tragbar	Monate
		Partikelzählung				Tragbar	Tragbar	Wochen bis Monate
Ölverschmutzung Ölverschlechterung	Chemische Analyse	Sediment (ISO 3734 Brennöle) (ASTM D-1698-03 Isolieröle *[zurückgezogen]*) (ASTM D-1796 Brennöle)	Zunahme	Schmutz, Blow-by-Produkte, Verschleißtrümmer, schmutziger Kraftstoff, Schmiermittelabbau, schlechte Öl-/Luftfiltration, abgenutzte Dichtungen	Auf Blow-by überprüfen Verschleißtrümmer überprüfen Filter überprüfen Dichtungen überprüfen	Tragbar	Wochen	Ausgebildeter halbqualifizierter Arbeiter zur Probenahme und ausgebildeter Labortechniker zur Durchführung und Interpretation der Analyse

(Fortsetzung)

Tab. 6.1 (Fortsetzung)

Bedingung	Zustandsüberwachungskategorie	Technik[i]	Zustandsänderung	Ursache	Maßnahme	Feststehende/tragbare Ausrüstung	P-F-Intervall	Fähigkeit
Vorhandensein von Verschleißmetallen Öladditivabbau Ölverschmutzung Korrosion	Chemische Analyse	Atomemissionsspektroskopie	Zunahme	Metallische Elemente können in Additiven oder aus Verschleißtrümmern/Kontaminanten gefunden werden Durch den Vergleich bekannter Metallurgie mit Elementaranalysen können bestimmte Verschleißsignaturen von Komponenten erkennbar werden	Filter überprüfen Historische Datenentwicklung überprüfen Mikroskopische Bewertung, Ferrografie in Betracht ziehen In extremen Fällen inspizieren Auf Rost überprüfen	Tragbar	Wochen bis Monate	Ausgebildeter halbqualifizierter Arbeiter zur Probenahme und erfahrener Techniker zur Durchführung und Interpretation der Analyse
Verschlechterung des elektrischen Isolieröls Oxidation des elektrischen Isolieröls Abbau von Additiven im elektrischen Isolieröl	Chemische Analyse	Infrarotspektroskopie, einschließlich FT-IR (ASTM E2412)	Hängt von der gemessenen Eigenschaft ab	Änderung der Öleigenschaften, die auf Öltyp, Geräteanwendung, Spannung, Leistung, Konstruktion und Betriebsbedingungen zurückzuführen sind	Dichtungen überprüfen Eignung des Öls für Anwendung und Betrieb überprüfen	Tragbar	Wochen bis Monate	Ausgebildeter halbqualifizierter Arbeiter zur Probenahme und erfahrener Techniker zur Durchführung und Interpretation der Analyse

(Fortsetzung)

Tab. 6.1 (Fortsetzung)

Bedingung	Zustandsüberwachungskategorie	Technik(i)	Zustandsänderung	Ursache	Maßnahme	Feststehende/tragbare Ausrüstung	P-F-Intervall	Fähigkeit
Verschlechterung des Schmieröls	Chemische Analyse	Potentiometrische Titration Gesamtsäurezahl (TAN)/Gesamtbasenzahl (TBN) ISO 3771, (ASTM D664 [Säurezahl] ASTM D4739, ASTM D2896, [Basenzahl])	Hohe Säure	Vorhanden, wenn die gesamte Alkalität erschöpft ist. Selten in Nicht-Motorölen vorhanden	Öl wechseln Öl mit höherer TBN auswählen Öltank auf Verunreinigungen überprüfen	Tragbar	Wochen bis Monate	Geschulter halbqualifizierter Arbeiter zur Probenahme und geschulter Labortechniker zur Durchführung und Interpretation der Analyse
Verschlechterung des Schmieröls	Chemische Analyse	Potentiometrische Titration Gesamtsäurezahl (TAN)/Gesamtbasenzahl (TBN) ISO 3771, (ASTM D664 [Säurezahl] ASTM D4739, ASTM D2896, [Basenzahl])	Säurezunahme	Der Aufbau von schwachen Säuren in einem Schmieröl kann ein Hinweis auf Oxidation sein, die durch hohe Betriebstemperatur, heiße Stellen, niedrigen Ölstand, Verunreinigung usw. verursacht wird.	Temperatur der Flüssigkeit und lokale Komponententemperaturen überprüfen Differenzen von mehr als 10 °C (50 °F) könnten auf Komponentenprobleme hinweisen Stand überprüfen Öl auf eine thermisch stabilere Sorte wechseln			

(Fortsetzung)

Tab. 6.1 (Fortsetzung)

Bedingung	Zustandsüberwachungskategorie	Technik[(i)]	Zustandsänderung	Ursache	Maßnahme	Feststehende/ tragbare Ausrüstung	P-F-Intervall	Fähigkeit
Verschlechterung des Schmieröls	Chemische Analyse	Potentiometrische Titration Gesamtsäurezahl (TAN)/ Gesamtbasenzahl (TBN) ISO 3771, (ASTM D664 [Säurezahl] ASTM D4739, ASTM D2896, [Basenzahl])	Alkalität nimmt ab	Schlechte Verbrennung, kalter Betrieb, Ausfall des Auslassventils, hohe Wasserkontamination, Anstieg des Schwefelgehalts im Kraftstoff, niedriger Ölverbrauch	Verbrennung überprüfen und korrigieren Schmieröltemperatur durch Reduzierung der Kühlung erhöhen Auslassventile überprüfen Wasser entfernen Kraftstoff auf Schwefelgehalt überprüfen Schmierstoff mit höherer Basenzahl in Betracht ziehen			
Verschlechterung des Schmieröls	Chemische Analyse	Potentiometrische Titration Gesamtsäurezahl (TAN)/ Gesamtbasenzahl (TBN) ISO 3771, (ASTM D664 [Säurezahl] ASTM D4739, ASTM D2896, [Basenzahl])	Alkalität nimmt zu	Kontamination mit höherem Basenzahlprodukt (am häufigsten bei Kreuzkopfmotoren, bei denen die Nachfüllung Zylinderölabläufe umfasst)	Basenzahl überwachen und vermeiden, hohe BN-Abläufe als Nachfüllung verwenden			

(Fortsetzung)

Tab. 6.1 (Fortsetzung)

Bedingung	Zustandsüber-wachungs-kategorie	Technik[i]	Zustands-änderung	Ursache	Maßnahme	Fest-stehende/tragbare Ausrüstung	P-F-Intervall	Fähigkeit
Wasser-kontamination Salz	Chemische Analyse	Knacktest Karl-Fischer-Titrationstest (ISO 6296:2000 (ASTM D1744-92	Vorhanden-sein von Wasser	Salzwasserkühl-mitteleintritt Deckmaschinen-abdeckungen un-wirksam	Kühlsystem auf Lecks überprüfen Ersatz/Repara-tur oder Schilde installieren, um Wassereintritt zu verhindern	Tragbar	Wochen bis Mo-nate	Geschulter Labortechniker zur Durchführung und Interpretation der Analyse
Wasser-kontamination Frisch	Chemische Analyse			Kühlmitteleintritt Reiniger defekt Regen-/Wasch-wassereintritt Kondensation (oft in Bereitschafts-systemen, die nicht vollständig genutzt werden)	Auf Kühlmittel-zusätze und Dichtungswirksam-keit überprüfen Reiniger-temperaturen, Durchflussrate und Effizienz überprüfen Tankdeckel und Dachrinnen über-prüfen Schilde anbringen Schmierstoffquali-tät im Vergleich zur Anwendung über-prüfen Kleine Systeme ablassen und nach-füllen, andere rei-nigen			

(Fortsetzung)

Tab. 6.1 (Fortsetzung)

Bedingung	Zustandsüberwachungskategorie	Technik[i]	Zustandsänderung	Ursache	Maßnahme	Feststehende/tragbare Ausrüstung	P-F-Intervall	Fähigkeit
Wasserverschmutzung	Chemische Analyse	Feuchtigkeit (ISO 12937-00 [Elektrisch] ASTM D 1533	Vorhandensein von Wasser	Kühlmitteleintritt Kondensation	Überprüfung auf Kühlmittelzusätze und Dichtungswirksamkeit Kleine Systeme ablassen und nachfüllen, andere reinigen	Tragbar	Tage bis Wochen	Geschulter halbqualifizierter Arbeiter zur Probenahme Geschulter Labortechniker zur Durchführung und Interpretation der Analyse
Flammpunkt	Chemische Analyse	Flammpunkt (geschlossener Tiegel) (ASTM D56, ASTM D93, ISO 2719)	Abnahme	Potenzielle Kontamination mit Destillatkraftstoff	Überprüfung der Kraftstoffeinspritzdüsen	Tragbar	Tage bis Wochen	Geschulter halbqualifizierter Arbeiter zur Probenahme. Geschulter Labortechniker zur Durchführung und Interpretation der Analyse

(Fortsetzung)

Tab. 6.1 (Fortsetzung)

Bedingung	Zustandsüberwachungskategorie	Technik[i]	Zustandsänderung	Ursache	Maßnahme	Feststehende/tragbare Ausrüstung	P-F-Intervall	Fähigkeit
Änderungen der Ölviskosität	Viskosität	Kinematische Viskosität (ASTM D 445, DIN 51562)	Zunahme	Öloxidation Kontamination durch Restkraftstoff Kontamination mit schwererem Öl Kontamination mit emulgiertem Wasser	Überprüfung auf Blow-by, Einspritzdüsen, Hotspots Überprüfung der Öllagerung auf Verunreinigungen Überprüfung des Kühlsystems auf Lecks	Tragbar	Wochen bis Monate	Geschulter halbqualifizierter Arbeiter zur Probenahme und geschulter Labortechniker zur Durchführung und Interpretation der Analyse
			Abnahme	Kontamination mit Destillatkraftstoff Kontamination mit einem leichteren Öl	Überprüfung der Kraftstoffeinspritzdüsen Überprüfung der Öllagerung auf Verunreinigungen			
Isolierölkontamination	Dielektrische Festigkeit	Dielektrische Festigkeit (ASTM D 117) (2)	Abnahme	Verunreinigungen in elektrischen Geräten vor dem Befüllen mit Öl Wasser aus dem Kühlsystem oder Luftfeuchtigkeit sammelt sich im Tank	Öl nach dem Befüllen der Geräte filtern Öl kontinuierlich filtern, Zentrifuge installieren oder das Öl erhitzen, um Wasserpartikel zu verdampfen, soweit praktikabel	Tragbar	Monate	Elektriker zur Probenahme und geschulter Labortechniker zur Durchführung und Interpretation der Analyse

(Fortsetzung)

Tab. 6.1 (Fortsetzung)

Bedingung	Zustandsüberwachungskategorie	Technik[(i)]	Zustandsänderung	Ursache	Maßnahme	Feststehende/tragbare Ausrüstung	P-F-Intervall	Fähigkeit
Biologische Aktivität in Flüssigkeit	Mikrobielle Analyse (Wasser oder Öl)	Bestimmung der Menge an Mikroorganismen (ASTM D6469)	Zunahme	Umweltfreundliche Additive in Schmierstoffen und Kraftstoffen sind weniger tolerant gegenüber Befall durch Mikroorganismen Diese können den Schmierstoff/Kraftstoff abbauen, Filter verstopfen, die Korrosion erhöhen und zu Systemausfällen führen	Überprüfung auf Wasser-/Ölverunreinigung Behandlung mit Bioziden Erwägen Sie andere präventive Maßnahmen, um zukünftige Befälle zu minimieren	Verschieden je nach spezifiziertem Test	Wochen bis Monate je nach spezifiziertem Test	Variiert je nach spezifiziertem Test

Hinweis
[(i)]Vorgeschlagene Kontaminationswarnstufen dienen nur zur Orientierung. Wo „Keine“ angegeben ist, wurden in der Literatur keine Warnstufen gefunden. Für diese Kontaminanten konsultieren Sie im Falle steigender Werte den Gerätehersteller oder den Flüssigkeitslieferanten, falls zutreffend, für weitere Anweisungen

Tab. 6.2 Kontaminanten in Flüssigkeiten

Öltestbedingung	Elementsymbol	Potenzielle Quelle/Ursache in getesteten Flüssigkeiten: Brennstofföl (FO), Schmieröl (LO) und Kühlwasser (CW)	Mögliche Probleme	Warnstufe (ungefähr) (ppm)[i]
Aluminium	Al	LO – Kolben, Gleitlager, Unterlegscheiben, Axiallagerscheiben, Zubehörgehäuse, Lagerkäfige von Planetengetrieben, Pumpen, Zahnräder, Getriebeölpumpen CW – aus atmosphärischer Kontamination	LO – übermäßiger Verschleiß, Korrosion CW – Lecks, Korrosion	Keine
Antimon	Sb	LO – einige Lagerlegierungen und Fettverbindungen	LO – übermäßiger Verschleiß	Keine
Bor	B	CW – Korrosionsschutz in Kühlmitteln	LO – Kühlmittel, das in Öl eindringt	Keine
Kalzium	Ca	FO – weist im Allgemeinen auf eine Kontamination durch Seewasser hin, Detergenz-/Dispergiermittelzusatz	FO/LO – Seewasser, das FO/LO kontaminiert	Keine
Chrom	Cr	LO – verschleißbeschichtete Komponenten wie Wellen, Dichtungen, Kolbenringe, Zylinderlaufbuchsen, Lagerkäfige und einige Lager	LO – übermäßiger Verschleiß	>10
Kupfer	Cu	LO – Gleitlager, Axiallager, Nocken- und Kipphebelwellenlager, Kolbenbolzenbuchsen, Zahnräder, Ventile, Kupplungen und Turboladerlager In Messinglegierungen in Verbindung mit Zink und Bronzelegierungen in Verbindung mit Zinn vorhanden CW – aus Ölkühlerkernen – Kühlwasser im Öl	LO/CW – übermäßiger Verschleiß, Korrosion, Lecks	>50
Eisen	Fe	LO – Gegossene Zylinderlaufbuchsen, Kolbenringe, Kolben, Nockenwellen, Kurbelwellen, Ventilführungen, Wälzlagerrollen und -ringe, Zahnräder, Wellen, Schmierölpumpen und Maschinenstrukturen usw.	LO/CW – übermäßiger Verschleiß, Korrosion	>30
Blei	Pb	LO – Gleitlager und Dichtungen, Verschleißschutzgetriebe	LO – übermäßiger Verschleiß	>10
Magnesium	Mg	LO – Turbinenzubehörgehäuse, Wellen, Ventile LO – Reinigungsmittelzusatz LO – Kühlmittelzusatz	LO – übermäßiger Verschleiß	>30
Mangan	Mn	LO – Ventile und Gebläse, manchmal zusammen mit Eisen als Folge von Stahlkorrosion gefunden	LO – übermäßiger Verschleiß, Korrosion	Keine

(Fortsetzung)

Tab. 6.2 (Fortsetzung)

Öltestbedingung	Elementsymbol	Potenzielle Quelle/Ursache in getesteten Flüssigkeiten: Brennstofföl (FO), Schmieröl (LO) und Kühlwasser (CW)	Mögliche Probleme	Warnstufe (ungefähr) (ppm)[(i)]
Molybdän	Mo	LO – beschichtete obere Kolbenringe in einigen Dieselmotoren LO – Zusatz für EP-Getriebeöle	LO – übermäßiger Verschleiß	Keine
Nickel	Ni	LO – Ventile, Turbinenschaufeln, Turboladernockenplatten und Lager LO – Zusatz für EP-Getriebeöle	LO – übermäßiger Verschleiß	>10
Phosphor	P	LO – Verschleißschutzadditiv, Zusatz für EP-Getriebeöle	LO – Kühlmittelleck im Öl	Keine
Kalium	K	LO – Verunreinigung durch Meerwasser CW – Kühlmittelzusatz	LO – Kühlmittelleck im Öl	Keine
Silizium	Si	LO – Verunreinigung durch Silica aus Induktionssystemen oder Reinigungsflüssigkeiten LO – Sand, Schmutz, Entschäumerzusatz	LO/CW – Verunreinigung	>40
Silber	Ag	LO – einige Lager, Lötzinn	LO – übermäßiger Verschleiß, Korrosion	Keine
Natrium	Na	LO/CW – aus Korrosionsschutzmitteln in Motorkühlmitteln LO/CW – Reinigungsmittelzusatz LO/CW – Kühlmittelzusatz	LO – normalerweise als Folge eines Kühlmittellecks	>80
Zinn	Sn	LO – Lagerlegierungen, Lagerkäfige, Messing, Öldichtungen und Lötzinn	LO – übermäßiger Verschleiß	>10
Titan	Ti	LO – Lagerbuchsen, Turbinenschaufeln und Verdichterscheiben von Gasturbinen	LO – übermäßiger Verschleiß	Keine
Vanadium	V	LO – Turbinenblätter FO – Katalysatorfeinanteile aus dem Raffinationsprozess	LO/FO – übermäßiger Verschleiß	Keine
Zink	Zn	LO – aus Messingkomponenten, Neoprendichtungen, Verschleißschutzadditiv	LO – übermäßiger Verschleiß, Korrosion	Keine

Hinweis
[(i)]Die vorgeschlagenen Alarmstufen für Verunreinigungen dienen nur als Richtlinie. Wo „Keine“ angegeben ist, wurden in der Literatur keine Alarmstufen gefunden. Für diese Verunreinigungen konsultieren Sie im Falle steigender Werte den Gerätehersteller oder den Flüssigkeitslieferanten, falls zutreffend, für weitere Anweisungen

Durchschlagsfestigkeitstests

Durchschlagsfestigkeitstests werden verwendet, um die Isolationsqualität von elektrischen Isolierölen zu messen. Eine mögliche Qualitätsverschlechterung wird oft durch Verunreinigung oder Ölabbau verursacht. Der Test wird durchgeführt, indem die Probe einer elektrischen Belastung bei einer bestimmten Temperatur ausgesetzt wird, indem Spannung durch die Probe geleitet wird. Diese Technik kann verwendet werden, um Isolieröle in Transformatoren, Schaltern und Kabeln zu testen.

- Typisches P–F-Intervall: Monate
- Qualifikationsniveau: Elektriker zur Probenahme und geschulter Labortechniker zur Durchführung und Interpretation der Analyse

Zu den Vorteilen dieser Technik gehören:

(1) Der Test ist schnell und einfach.
(2) Das Gerät muss nicht offline sein, um den Test durchzuführen.

Zu den Nachteilen dieser Technik zählen:

(1) Die Probenahmetechnik kann die Testergebnisse beeinflussen.
(2) Der Test muss im Labor durchgeführt werden.
(3) Die Materialien und Geräte, die zur Durchführung des Tests verwendet werden, sind gefährlich.

Ferrografie

Ferrografie ist eine Technik, die die Dichte und Größenverteilung von Partikeln in Öl oder Fett identifiziert, die durch Probleme wie Verschleiß, Ermüdung, Korrosion oder eine Kombination davon verursacht werden. Eine repräsentative Probe wird mit einem Fixiermittel verdünnt, das dann über einen geneigten Glasobjektträger geleitet wird, der einem Magnetfeld ausgesetzt ist. Das Magnetfeld sorgt für die Trennung der ferromagnetischen Partikel (ferromagnetische Partikel richten sich entlang der Magnetfeldlinien aus) und verteilt sie entlang der Länge des Objektträgers (nichtmagnetische und nichtmetallische Partikel werden zufällig entlang des Objektträgers verteilt). Die Gesamtdichte der Partikel und das Verhältnis von großen zu kleinen Partikeln geben Aufschluss über die Art und das Ausmaß des Verschleißes. Die Analyse der Testprobe erfolgt durch biochromatische, mikroskopische Untersuchung unter Verwendung sowohl reflektierter als auch durchscheinender Lichtquellen (die gleichzeitig verwendet werden können). Grüne, rote und polarisierte Filter werden ebenfalls verwendet, um die Größe,

Zusammensetzung, Form und Textur sowohl der metallischen als auch der nichtmetallischen Partikel zu unterscheiden. Ein Elektronenmikroskop kann ebenfalls während der Analyse eingesetzt werden, um Partikelformen zu bestimmen und einen Hinweis auf die Ursache des Ausfalls zu geben. Diese Technik kann zur Analyse des in Diesel- und Benzinmotoren, Gasturbinen, Getrieben, Getriebegehäusen, Kompressoren und Hydrauliksystemen verwendeten Fetts und Öls verwendet werden. Da Ferrografie zeitaufwendig und teuer ist, ist es üblich, zuerst einen Partikelzählertest durchzuführen. Wenn die Verschleißpartikelanzahl über einem vorbestimmten Maximum liegt, kann es als angemessen erachtet werden, die Ferrografieanalyse durchzuführen.

- Typisches P–F-Intervall: Monate
- Qualifikationsniveau: ausgebildeter halbqualifizierter Arbeiter zur Probenentnahme und erfahrener Techniker zur Durchführung und Interpretation der Analyse

Zu den Vorteilen dieser Technik gehören:

(1) Ferrografie ist empfindlicher als viele andere Tests bei der Identifizierung früher Anzeichen von Verschleiß.
(2) Der Objektträger bietet eine dauerhafte Aufzeichnung und ermöglicht die Messung von Partikelgröße und -form.

Zu den Nachteilen dieser Technik zählen:

(1) Der Test ist zeitaufwendig und erfordert teure Ausrüstung.
(2) Eine eingehende Analyse erfordert ein Elektronenmikroskop.
(3) Das Hauptziel ist auf ferromagnetische Partikel beschränkt.

Infrarot- und Ultraviolettspektroskopie (ASTM E2412)

Bei der Infrarotspektroskopie wird die Ölprobe einem Infrarotlichtstrahl ausgesetzt. Bei der Ultraviolettspektroskopie wird ultraviolettes Licht angewendet. Es werden Messungen der absorbierten Lichtenergie bei verschiedenen spezifischen Wellenlängen durchgeführt, um die in dem Öl vorhandenen Moleküle zu bestimmen, indem die relative Absorption von Energie durch die Anregung von Bindungen in den Molekülen gemessen wird. Mathematische Manipulationen der Absorptionsdaten ergeben einen „Fingerabdruck" des Probenöls, der dann mit früheren Proben oder Standards durch intelligente Software verglichen werden kann. Die Analyse liefert Informationen über den Ölabbau, die Oxidation, die Wasserkontamination oder das Vorhandensein und die Konsistenz von Ölzusätzen. Diese Technik kann auf Turbinengeneratoren, mit Schwefelhexafluorid oder Stickstoff abgedichtete Systeme, Transformatorenöle und Leistungsschalter angewendet werden. Die Gehalte an Oxidation, Nitration, Sulfaten, Ruß und Glykol (d. h. Hinweis auf Kühlmittellecks in der Ölprobe) können somit quantifiziert werden.

- Typisches P–F-Intervall: Wochen bis Monate
- Qualifikationsniveau: ausgebildeter halbqualifizierter Arbeiter zur Probenentnahme und ausgebildeter Labortechniker zur Durchführung und Interpretation der Analyse

Zu den Vorteilen dieser Technik gehören:

(1) Daten können verwendet werden, um ASTM-Parameter zu bestimmen.
(2) Der Test ist hochgradig wiederholbar.
(3) Daten können verwendet werden, um eine Gesamtsäurezahl (TAN) und eine Gesamtbasenzahl (TBN) zu erzeugen (Ultraviolettspektroskopie).

Zu den Nachteilen dieser Technik zählen:

(1) Die Testgerätehersteller sind bei der Verarbeitung von Daten nicht einheitlich.
(2) Typischerweise ist der Test auf etwa 1.000 ppm Wasserkontamination beschränkt.
(3) Die Ausrüstung ist teuer und erhebliche Erfahrung und Fähigkeiten sind erforderlich, um die Ergebnisse zu analysieren.

Feuchtigkeitsmessung

Das Vorhandensein selbst kleiner Mengen an Feuchtigkeit in Hydraulik- und Schmierölen führt zur Verschlechterung des Schmiermittelgrundstocks und der Additive, zur Korrosion von Bauteiloberflächen und zur Beschleunigung des Verschleißes aufgrund der verringerten Festigkeit des Schmierfilms. Feuchtigkeitsgrenzen werden typischerweise vom Systemdesigner oder dem Gerätehersteller festgelegt. Es gibt drei wichtige Tests, die durchgeführt werden können, um den Feuchtigkeitsgehalt im Öl zu messen. Diese werden im Folgenden kurz erläutert.

Crackle-Test

Der Crackle-Test bietet eine einfache Feldmethode, um das Vorhandensein von Feuchtigkeit in Schmier- oder Hydraulikölproben zu erkennen und zu quantifizieren, die auf eine Heizplatte gelegt werden. Die empfohlenen Heizplattentemperaturen liegen zwischen 150 und 205 °C (300–400 °F). Bei der

Durchführung mehrerer Tests über einen längeren Zeitraum sollte dieselbe Heizplattentemperatur verwendet werden, um konsistente Ergebnisse zu erzielen. Um den Test durchzuführen, sollte die Ölprobe geschüttelt werden, um eine homogene Suspension von Wasser im Öl zu erreichen. Ein Tropfen Öl wird auf die Heizplatte gegeben. Wenn nach einigen Sekunden kein Knistern oder keine Dampfblasen entstehen, deutet dies darauf hin, dass keine freie emulgierte Feuchtigkeit in der Probe vorhanden ist. Wenn sehr kleine Blasen oder größere Blasen entstehen, kann dies auf das Vorhandensein von Wasser von etwa 0,05–0,1 % (500–1000 ppm) bis 0,2 % (2000 ppm) hinweisen. Bei höheren Feuchtigkeitsgehalten können Blasenbildung und Knistern auftreten. Es sollte beachtet werden, dass dieser Test das Vorhandensein von chemisch gelöstem Wasser nicht erkennen kann.

Karl-Fischer-Titrationstest (ISO 6296:2000)

Der Karl-Fischer-Titrationstest misst die Feuchtigkeit in Schmier- oder Hydraulikölproben. Er wird als Indikator für einen verschlechterten Ölzustand verwendet, indem der elektrische Stromfluss zwischen zwei Elektroden gemessen wird, die in die Probenlösung eingetaucht sind. Der anerkannte Standard für diesen Test ist ISO 6296:2000 Petroleumprodukte – Bestimmung von Wasser – Potentiometrische Karl-Fischer-Titrationsmethode. Diese Methode wurde von Karl Fischer entwickelt und in ASTM D1744-92 als Standardtestmethode zur Bestimmung von Wasser in flüssigen Erdölprodukten eingeführt. Im Jahr 2000 wurde der ASTM D1744-92-Teststandard durch ISO 6296:2000 ersetzt. Bei diesem Test wird Karl-Fischer-Reagenz in die Probe dosiert, bis das gesamte eingeschlossene Wasser mit dem Reagenz reagiert hat. Die Ergebnisse werden in ppm Wasser angegeben. Diese Technik kann verwendet werden, um geschlossene Ölsysteme wie Motoren, Getriebe, Getriebe, Kompressoren, Hydrauliksysteme, Turbinen und Transformatoren zu analysieren.

- Typisches P–F-Intervall: Tage bis Wochen
- Fachkenntnis: ausgebildeter Labortechniker

Zu den Vorteilen dieser Technik gehören:

(1) Der Test ist genau bei kleinen Mengen an Wasserkontamination. Die Genauigkeit kann 0,001 % (10 ppm) betragen. Der Test quantifiziert sowohl emulgiertes als auch freies Wasser.
(2) Der Test kann relativ schnell abgeschlossen werden.
(3) Die Ergebnisse sind wiederholbar.

Zu den Nachteilen dieser Technik zählen:

(1) Schwefel, Acetone und Ketone in der Ölprobe können manchmal falsche Messwerte auslösen.
(2) Es ist beträchtliches Fachwissen erforderlich, um die Ergebnisse zu interpretieren.
(3) Automatisierte Geräte sind teuer und nicht tragbar.

Erdölprodukte – Bestimmung von Wasser – Coulometrische Karl-Fischer-Titrationsmethode (ISO 12937-00)

Diese Testmethode wird auf Isolieröle angewendet, die in elektrischen Geräten vorkommen. Ein hoher Wassergehalt kann eine dielektrische Isolierflüssigkeit für einige elektrische Anwendungen ungeeignet machen, da sich Eigenschaften wie die Durchschlagspannung verschlechtern. Ein weiterer ähnlicher anerkannter Standard für diesen Test ist ASTM D1533 Standardtestmethode für Wasser in Isolierflüssigkeiten durch coulometrische Karl-Fischer-Titration.

- Typisches P–F-Intervall: Tage bis Wochen
- Fachkenntnis: ausgebildeter Labortechniker

Zu den Vorteilen dieser Technik gehören:

(1) Der Test ist genau bei kleinen Mengen an Wasserkontamination. Die Genauigkeit kann 0,001 % (10 ppm) betragen. Der Test quantifiziert sowohl emulgiertes als auch freies Wasser.
(2) Der Test kann relativ schnell abgeschlossen werden.
(3) Die Ergebnisse sind wiederholbar.

Zu den Nachteilen dieser Technik zählen:

(1) Schwefel, Acetone und Ketone in der Ölprobe können manchmal falsche Messwerte auslösen.
(2) Es ist beträchtliches Fachwissen erforderlich, um die Ergebnisse zu interpretieren.
(3) Automatisierte Geräte sind teuer und nicht tragbar.

Kinematische Viskositätstest

Der kinematische Viskositätstest gibt einen Hinweis auf die Verschlechterung des Öls im Laufe der Zeit oder auf die Kontamination des Öls durch Kraftstoff oder andere Öle. Der Test misst den Widerstand der Flüssigkeit gegen das Fließen unter bekannten Druck- und Temperaturbedingungen und beinhaltet das Erzwingen einer Probe durch ein Kapillarviskosimeter. Basierend auf den Testergebnissen kann die dynamische Viskosität der Ölprobe berechnet werden. Die Akzeptanzgrenzen für die Viskosität liegen typischerweise in der Größenordnung von ± einer Viskositätsklasse, es sei denn, der Konstrukteur oder der Gerätehersteller gibt etwas anderes an. Diese Technik kann verwendet werden, um Öl in Diesel-/Benzinmotoren, Turbinen, Getrieben, Getriebegehäusen, Kompressoren und Hydrauliksystemen zu testen.

- Typisches P–F-Intervall: Wochen bis Monate
- Qualifikationsniveau: ausgebildeter halbqualifizierter Arbeiter zur Probenahme und ausgebildeter Labortechniker zur Durchführung und Interpretation der Analyse

Zu den Vorteilen dieser Technik gehören:

(1) Der Test kann für die meisten Schmieröle verwendet werden, sowohl für transparente als auch für undurchsichtige.
(2) Die Ergebnisse sind wiederholbar.

Zu den Nachteilen dieser Technik zählen:

(1) Der Test wird nicht vor Ort durchgeführt.
(2) Es werden brennbare Lösungsmittel verwendet.

Mikrobielle Analyse

Aufgrund der Verbreitung von Umweltvorschriften verwenden moderne Schmierstoffe Additive, die anfällig für Befall durch Mikroorganismen sind. Diese Mikroorganismen können die Eigenschaften des Schmierstoffs verschlechtern, was zu verstopften Filtern und erhöhter Korrosion in den Geräten führt und somit zu Systemausfällen führt. Auch Kraftstoffe sind anfällig für Mikroorganismen, und mit der Verwendung von Biodiesel-Kraftstoffen wurde eine zunehmende Anzahl von Befällen festgestellt. Der Leitfaden ASTM D6469-14 Standardleitfaden für mikrobielle Kontamination in Kraftstoffen und Kraftstoffsystemen gibt Anweisungen, wie Kraftstoff- oder Schmierölproben zur Bestimmung des Mikroorganismengehalts entnommen werden. Der ASTM-Leitfaden wendet die in

ASTM D5259 verwendete Testmethode an, bei der ein Membranfilter verwendet wird, um die Mikroorganismen zu fangen, wonach eine vorläufige Zählung durchgeführt wird.

- Typisches P–F-Intervall: Wochen bis Monate
- Qualifikationsniveau: ausgebildeter halbqualifizierter Arbeiter zur Probenahme und ausgebildeter Labortechniker zur Durchführung und Interpretation der Analyse

Der eine Vorteil dieser Technik ist:

(1) Der Test kann an Bord oder im Labor durchgeführt werden.

Zu den Nachteilen dieser Technik zählen:

(1) Tests sind auf flüssige Kraftstoffe mit kinematischen Viskositäten $\leq 24\ mm^2\ s^{-1}$ bei Umgebungstemperatur beschränkt.
(2) Testergebnisse sollten nicht als absolute Werte interpretiert werden. Tests sollten über einen längeren Zeitraum durchgeführt werden, um Trends im Wachstum von Mikroorganismen und Umweltfaktoren wie Temperatur, Luftfeuchtigkeit und Ölsorte zu ermitteln.
(3) Es muss ein einheitliches Testverfahren verwendet werden, um konsistente Ergebnisse zu erzielen.

Partikelzähler

Partikelzähler (auch als Lichtauslöschungspartikelzähler bezeichnet) überwachen Partikel in Schmier- und Hydraulikölen, die durch Probleme wie Korrosion, Verschleiß, Ermüdung und das Vorhandensein von Fremdkörperverunreinigungen verursacht werden. Es gibt mehrere Arten von Partikelzähltests. Zwei der häufigsten Tests sind die Lichtauslöschungs- und die Lichtstreuungspartikelzähler. Bei einem Test mit einem Partikelzähler für die Lichtauslöschung wird eine Glühlampe auf eine Objektzelle gerichtet, durch die die Ölprobenflüssigkeit unter kontrollierten Durchfluss- und Volumenbedingungen fließt. Ein Partikelzähler (d. h. Fotodiode) empfängt das durch die Probe hindurchgehende Licht und zeigt basierend auf der Menge des blockierten Lichts die Anzahl der Partikel in einem vorbestimmten Größenbereich an. Anhand dieses Tests kann der Verschmutzungsgrad durch Feststoffpartikel nach der ISO 4406-Methode für Hydraulikflüssigkeiten – Reinheitsklasse – bestimmt werden. Bei einem Test mit einem Partikelzähler für die Lichtauslöschung wird ein Laserlicht auf eine Objektzelle gerichtet, durch die die Ölprobenflüssigkeit unter kontrollierten Durchfluss- und Volumenbedingungen fließt. Wenn undurchsichtige Partikel durch den Laser passieren, wird das erzeugte Streulicht gemessen und von der Fotodiode in eine Partikelzählung umgewandelt.

Eine direkte Ablesung des ISO-Sauberkeitswertes kann aus diesem Test bestimmt werden. Diese Technik kann verwendet werden, um das in Motoren, Kompressoren, Getrieben, Getriebegehäusen und Hydrauliksystemen verwendete Öl zu analysieren, um die Wirksamkeit des Filtersystems zu bewerten. Die Sauberkeit des Öls für Geräte mit Komponenten, die mit kleinen Abständen und hohem Druck arbeiten, ist von größter Bedeutung, um den kontinuierlichen Betrieb sicherzustellen. Wenn die Partikelanzahl einen vorbestimmten Höchstwert überschreitet, kann eine Ferrografieprüfung verwendet werden, um die Quelle der Partikel zu bestimmen.

- Typisches P–F-Intervall: Wochen bis Monate
- Qualifikationsniveau: ausgebildeter Facharbeiter

Zu den Vorteilen dieser Technik gehören:

(1) Testergebnisse sind schnell verfügbar.
(2) Tests sind genau und reproduzierbar.
(3) Tests sind genauer als abgestufte Filtration.

Zu den Nachteilen dieser Technik zählen:

(1) Die Tests sind abhängig von guten Flüssigkeitsbedingungen und werden durch Luftblasen, Wasserkontamination und durchscheinende Partikel beeinträchtigt.
(2) Die Tests liefern keine Informationen über die chemische Natur der Verunreinigung.
(3) Die Auflösung ist auf Partikel mit einer Größe von mehr etwa 5 µm beschränkt.

Potentiometrische Titration – Gesamtsäurezahl (TAN) (ASTM D664) und Gesamtbasenzahl (TBN) (ASTM D4739)

Die potentiometrische Titration – TAN oder TBN – kann verwendet werden, um das Ausmaß des Abbaus von Schmier- oder Hydrauliköl zu bestimmen, indem der Säure- oder Alkalinitätsgrad in der Ölprobe bestimmt wird. Zur Bestimmung der Säure wird die Ölprobe mit Lösungsmitteln und Wasser gemischt und dann die Änderung der elektrischen Leitfähigkeit gemessen, während die Mischung mit Kaliumhydroxid (KOH) titriert wird. Je mehr KOH eine Probe verbraucht, desto höher ist die Säurezahl und der Ölabbau. Diese Technik kann verwendet werden, um Öl in Diesel-/Benzinmotoren, Gasturbinen, Getrieben, Getriebegehäusen, Kompressoren, Hydrauliksystemen und Transformatoren zu testen. ASTM D4739 wurde als Alternative zum TBN-Teil von ASTM D664 entwickelt.

- Typisches P–F-Intervall: Wochen bis Monate
- Qualifikationsniveau: ausgebildeter halbqualifizierter Arbeiter zur Probenahme und ausgebildeter Labortechniker zur Durchführung und Interpretation der Analyse

Zu den Vorteilen dieser Technik gehören:

(1) Der Test kann an jedem farbigen Öl durchgeführt werden.
(2) Der Test gilt als genau innerhalb von 4 % nach ASTM D664 und 15 % nach ASTM D4739.

Zu den Nachteilen dieser Technik zählen:

(1) Der Test ist auf erdölbasierte Öle beschränkt.
(2) Einige der zur Durchführung der Tests verwendeten Chemikalien sind gefährlich.

Sedimenttests (ASTM D1698-03) (2008)

Sedimenttests liefern Informationen über das Sediment (d. h. anorganisches Sediment aus Verunreinigungen und organisches Sediment aus Ölabbau oder Verunreinigungen) und löslichen Schlamm aus dem Abbau von elektrischen Isolierölen. Es wird eine Zentrifuge verwendet, um das Sediment vom Öl zu trennen, wobei der sedimentfreie Teil einer weiteren Analyse (d. h. Verdünnung, Fällung und Filtration) unterzogen wird, um den löslichen Schlamm zu messen. Das gesamte Sediment wird dann gewogen und gebacken, um die organischen Bestandteile zu entfernen. Dies liefert die organische/anorganische Zusammensetzung. Diese Technik kann verwendet werden, um erdölbasierte Isolieröle in Transformatoren, Schaltern und Kabeln zu analysieren.

- Typisches P–F-Intervall: Wochen
- Qualifikationsniveau: Elektriker zur Probenahme und ausgebildeter Labortechniker zur Durchführung und Interpretation der Analyse

Zu den Vorteilen dieser Technik gehören:

(1) Der Test ist schnell und einfach durchzuführen.
(2) Proben können bei laufendem Betrieb entnommen werden.

Zu den Nachteilen dieser Technik zählen:

(1) Es kann nur Öl mit niedriger Viskosität entnommen werden, z. B. 5,7 bis 13,0 cSt bei 40 °C (32 °F).
(2) Tests müssen im Labor durchgeführt werden.

Alternative Analysetechniken

Es gibt zahlreiche andere Ölanalysetechniken zur Beurteilung des Ölzustands. Einige dieser Techniken wurden entwickelt, um bestimmte Zustände des Öls zu beurteilen oder beinhalten die Anwendung von proprietären Testgeräten. Eine Reihe zusätzlicher Techniken ist in Tab. 6.3 als Referenz aufgeführt.

Zusätzliche Ressourcen

Akronyme

Zusätzliche Informationen können aus den folgenden Standards bezogen werden:

- ASTM – ASTM International, ein Akronym, das früher für American Society for Testing and Materials stand – http://www.astm.org/cgi-bin/SoftCart.exe/index.shtml?E+mystore
- IEEE – Ein Akronym für das Institute of Electrical and Electronic Engineers, Inc. – http://www.ieee.org/portal/siteDIN
- ISO – Internationale Organisation für Normung – http://www.iso.org/iso/home.htm
- NAS – National Aerospace Standard der Aerospace Industries Association – http://www.aiaaerospace.org/

Normenverzeichnis

- ASTM D56: Standardtestmethode für den Flammpunkt mit dem Prüfgerät mit geschlossenem Tiegel
- ASTM D93: Standardtestmethode mit dem Pensky-Martens-Flammpunktprüfer mit geschlossenem Tiegel
- ASTM D117: Standardleitfaden für Probenahme, Testmethoden und Spezifikationen für elektrische Isolieröle petrochemischen Ursprungs
- ASTM D445: Standardtestmethode für die kinematische Viskosität von transparenten und undurchsichtigen Flüssigkeiten (und Berechnung der dynamischen Viskosität)
- ASTM D664: Standardtestmethode für die Säurezahl von Erdölprodukten durch potentiometrische Titration
- ASTM D877: Standardtestmethode für die Durchschlagspannung von Isolierflüssigkeiten mit Scheibenelektroden

Tab. 6.3 Zusätzliche Überwachungstechniken für die Ölanalyse

Ölanalysetechnik	Überwachter Zustand	Anwendungen (Ausrüstung)	Typisches P–F-Niveau	Theorie des Betriebs	Fähigkeitsniveau des Personals	Vorteile	Nachteile
Säure- und Basenzahl durch Farbindikatortitration	Säure- und Basenzahl	Öle, die in Diesel- und Benzinmotoren, Gasturbinen verwendet werden (ASTM D974-12)	Wochen bis Monate	Die Probe wird in eine Mischung aus Toluol, Isopropylalkohol und Wasser gelöst und mit einer Lösung titriert Bei Farbänderung der Lösung wird die Säure- oder Alkalität bestimmt	Ausgebildeter halbqualifizierter Arbeiter zur Probenentnahme Ausgebildeter und erfahrener Techniker zur Analyse	Der Test soll innerhalb einer Fehlermarge von 15 % genau sein	Nicht geeignet zur Messung der Grundbestandteile vieler basischer Additiv-Schmieröle Dunkelfarbige Öle können mit dieser Testmethode aufgrund der Unklarheit des Farbindikators nicht analysiert werden
Sensoren für Metallabfälle	Eisen- und Nichteisenpartikel, die durch Verschleiß und Ermüdung verursacht werden	Gasturbinenlager	Wochen bis Monate	Ein Sensorkopf, bestehend aus zwei Stimulationsspulen und einer Sensorspule, die um einen isolierenden Abschnitt des Rohrs gewickelt sind Wenn Eisen- oder Nichteisenpartikel durch den Sensorkopf passieren, wird das von den Stimulationsspulen erzeugte Feld gestört und von der Sensorspule aufgezeichnet	Erfahrener Facharbeiter/Techniker zur Trendanalyse	Erkennt und quantifiziert sowohl Eisen- als auch Nichteisenverschleißmetallpartikel Geringe Wahrscheinlichkeit von Fehlanzeigen Sensoren an Bord können Zeitbereichsdiagramme verschiedener Schadensmodi speichern, um Verschleißquellen nahezu in Echtzeit zu identifizieren	Unfähig, chemische Zusammensetzung und Größe der Partikel zu bestimmen

(Fortsetzung)

Tab. 6.3 (Fortsetzung)

Ölanalysetechnik	Überwachter Zustand	Anwendungen (Ausrüstung)	Typisches P–F-Niveau	Theorie des Betriebs	Fähigkeitsniveau des Personals	Vorteile	Nachteile
Blot-Test	Verschleißmetalle, Ermüdung und manchmal Korrosionspartikel, Schlamm	Öle, die in Diesel- und Benzinmotoren, Gasturbinen, Getrieben, Reduktionsgetrieben, Kompressoren und Hydrauliksystemen verwendet werden	Tage bis Wochen	Ein oder zwei Tropfen Öl werden auf Lösch- oder Filterpapier gegeben und 24 h lang verteilt Das Verteilungsmuster zeigt die Größe der Partikel, das Vorhandensein von Schlamm und Öldispergiermitteln an	Ausgebildeter halbqualifizierter Arbeiter zur Probenentnahme Ausgebildeter und erfahrener Techniker zur Analyse	Billig Einfach einzurichten und zu verwenden Bietet eine Aufzeichnung Mäßig genauer Indikator für Öloxidation	24 h erforderlich, damit das Öl blutet Hohe Fähigkeiten erforderlich, um die Ergebnisse zu interpretieren Nur eine grobe Angabe des Schlammniveaus Keine Identifizierung der chemischen Zusammensetzung der Partikel
Knistertest	Wasser in nicht wasserbasierten Ölen	Öle, die in Diesel- und Benzinmotoren, Gasturbinen, Getrieben, Untersetzungsgetrieben, Kompressoren, Hydrauliksystemen und Transformatoren verwendet werden	Tage bis Wochen	Mehrere Tropfen Öl werden auf eine heiße Platte gegeben, die von 121 °C (250 °F) bis 315 °C (600 °F) erhitzt wird Wenn Wasser vorhanden ist, verdampft es schnell und erzeugt ein knisterndes oder knallendes Geräusch, das von einem Arbeiter gehört werden kann Wenn der Test mit einem Audiodatenrekorder durchgeführt wird, wird das Geräusch in ein elektronisches Signal umgewandelt, das vom Datensammler analysiert wird	Ausgebildeter halbqualifizierter Arbeiter (menschliche Sinne) Ausgebildeter und erfahrener Techniker (Audiodetektor)	Billig, schnell und einfach zu verwenden Effektiv und wirtschaftlich Guter Screeningtest, um den Bedarf an weiterer Feuchtigkeitsanalyse zu bestimmen Kann Feuchtigkeitsgehalte von 25 –10.000 ppm erkennen (Audiodetektor)	Gefahr beim Umgang mit Öl in der Nähe einer heißen Oberfläche Quantifiziert nicht die Menge des vorhandenen Wassers Proben mit eingeschlossenem Gas führen oft zu falsch positiven Ergebnissen Feuchtigkeit unter 300–500 ppm kann nicht leicht gehört werden (menschliche Sinne) Test ist subjektiv von Benutzer zu Benutzer (menschliche Sinne)

(Fortsetzung)

Tab. 6.3 (Fortsetzung)

Ölanalysetechnik	Überwachter Zustand	Anwendungen (Ausrüstung)	Typisches P–F-Niveau	Theorie des Betriebs	Fähigkeitsniveau des Personals	Vorteile	Nachteile
Direktablesender Ferrograf	Maschinenverschleiß-, Ermüdungs- und Korrosionspartikel	Öle, die in Diesel- und Benzinmotoren, Gasturbinen, Getrieben, Untersetzungsgetrieben, Kompressoren und Hydrauliksystemen verwendet werden	Monate	Dieses Gerät misst quantitativ die Konzentration von Eisenpartikeln in einer Probe, indem die Partikel auf den Boden eines Glasröhrchens abgeschieden werden, das einem starken Magnetfeld ausgesetzt ist Faseroptische Bündel leiten Licht durch das Glasröhrchen an zwei Positionen, die den Positionen großer und kleiner Partikel entsprechen, die vom Magneten abgeschieden werden Zwei Messwerte werden für die großen und kleinen Partikel bereitgestellt (über und unter 5 µm)	Ausgebildeter halbqualifizierter Techniker	Kompakte, tragbare, Onlinetechnik Weniger empfindlich gegenüber Flüssigkeitsopazität und Wasserkontamination im Vergleich zu anderen Techniken	Misst nur ferromagnetische Partikel Weitere analytische ferrografische Analyse erforderlich, wenn die Messwerte hoch sind

(Fortsetzung)

Tab. 6.3 (Fortsetzung)

Ölanalysetechnik	Überwachter Zustand	Anwendungen (Ausrüstung)	Typisches P–F-Niveau	Theorie des Betriebs	Fähigkeitsniveau des Personals	Vorteile	Nachteile
Gestufte Filtration	Partikel in Schmier- und Hydraulikölsystemen, die durch Verschleiß, Ermüdung, Korrosion und Verunreinigungen verursacht werden	Öle, die in Diesel- und Benzinmotoren, Gasturbinen, Getrieben, Untersetzungsgetrieben, Kompressoren und Hydrauliksystemen verwendet werden	Wochen bis Monate	Eine Ölprobe wird verdünnt und durch eine Reihe von Standardfilterplatten geleitet Jede Platte wird mikroskopisch untersucht und alle gefundenen Partikel werden manuell gezählt Eine statistische Verteilung wird in Form eines Diagramms erstellt Die Analyse bestimmt, ob der Verschleiß normal ist oder nicht	Probenahme: Laborassistent Erfahrener Labortechniker oder Ingenieur zur Analyse der Ergebnisse	Verunreinigungen können visuell identifiziert werden Kostengünstig	Ergebnisse können subjektiv sein, da der Bediener die Partikelgrößen visuell bestimmen muss Das Einrichten und Untersuchen jeder Filterplattprobe dauert mehrere Stunden Spezifische Fähigkeiten zur Interpretation der Testergebnisse erforderlich Partikelidentifikation kann schwierig sein
LIDAR (Lichtdetektion und Entfernungsbestimmung)	Vorhandensein von Partikeln in der Atmosphäre	Qualität und Verteilung von Rauch	Variabel je nach Anwendung	Einzelne Lichtwellenlänge wird auf den zu untersuchenden Bereich gerichtet Die Menge des Partikelmaterials wird durch Messung der Rückstreuung bestimmt Die Partikellokation wird durch Triangulation basierend auf Messungen von zwei Punkten bestimmt	Erfahrener Ingenieur	Eine Fernerkundungstechnik, die große Bereiche abdecken kann	Teuer Erfordert ein hohes Maß an Fähigkeiten

(Fortsetzung)

Tab. 6.3 (Fortsetzung)

Ölanalysetechnik	Überwachter Zustand	Anwendungen (Ausrüstung)	Typisches P–F-Niveau	Theorie des Betriebs	Fähigkeitsniveau des Personals	Vorteile	Nachteile
Partikelzähler zur Lichtauslöschung	Partikel in Schmier- und Hydraulikölsystemen, verursacht durch Verschleiß, Ermüdung, Korrosion und Verunreinigungen	Öle, die in Diesel- und Benzinmotoren, Gasturbinen, Getrieben, Untersetzungsgetrieben, Kompressoren und Hydrauliksystemen verwendet werden	Wochen bis Monate	Der Zähler besteht aus einer Glühlampenlichtquelle, einer Objektzelle und einem Fotodetektor Die Probenflüssigkeit fließt unter kontrollierten Durchfluss- und Volumenbedingungen durch die Objektzelle Die Anzahl und Größe der Partikel wird durch die Menge des blockierten und reflektierten Lichts bestimmt Diese Informationen werden mit dem Reinheitswert nach ISO 4406 verglichen	Geschulter Facharbeiter zur Bedienung des Instruments	Schneller als visuell abgestufte Filtration Ergebnisse innerhalb von Minuten verfügbar Testergebnisse genau und reproduzierbar	Nicht in der Lage, die chemische Zusammensetzung der Partikel zu identifizieren Es fehlt an Intensität und Konsistenz eines Lasers Genauigkeit wird durch die Opazität der Flüssigkeit und die Menge an durchscheinenden Partikeln, Luftblasen und Wasserkontamination beeinträchtigt Anzahl und Größe hängen von der Ausrichtung langer, dünner oder ungewöhnlich geformter Partikel im Lichtstrahl ab Auflösung auf den Bereich von 5-µm-Partikeln beschränkt

(Fortsetzung)

Tab. 6.3 (Fortsetzung)

Ölanalysetechnik	Überwachter Zustand	Anwendungen (Ausrüstung)	Typisches P–F-Niveau	Theorie des Betriebs	Fähigkeitsniveau des Personals	Vorteile	Nachteile
Partikelzähler zur Lichtstreuung	Partikel in Schmier- und Hydraulikölsystemen, verursacht durch Verschleiß, Ermüdung, Korrosion und Verunreinigungen	Öle, die in Diesel- und Benzinmotoren, Gasturbinen, Getrieben, Untersetzungsgetrieben, Kompressoren und Hydrauliksystemen verwendet werden	Wochen bis Monate	Der Zähler besteht aus einer Laserlichtquelle, einer Objektzelle und einer Fotodiode Die Probenflüssigkeit fließt unter kontrollierten Durchfluss- und Volumenbedingungen durch die Objektzelle Wenn undurchsichtige Partikel durch den Laserstrahl passieren, wird die Lichtstreuung gemessen und in eine Partikelanzahl umgewandelt Aus diesen Informationen wird automatisch eine direkte Ablesung des Reinheitswerts nach ISO 4406 bestimmt	Geschulter Facharbeiter zur Bedienung des Instruments	Zuverlässige Leistung in Umgebungen, in denen die Bedingungen kontrolliert sind Auflösung auf den Bereich von 2 μm Partikeln beschränkt Ergebnisse innerhalb von Minuten verfügbar Testergebnisse ziemlich genau und reproduzierbar	Nicht in der Lage, die chemische Zusammensetzung der Partikel zu identifizieren Genauigkeit wird durch die Opazität der Flüssigkeit und die Menge an durchscheinenden Partikeln, Luftblasen und Wasserkontamination beeinträchtigt Anzahl und Größe hängen von der Ausrichtung langer, dünner oder ungewöhnlich geformter Partikel im Lichtstrahl ab Verdünnung oft erforderlich bei hohen Partikelkonzentrationen, um Koinzidenzfehler zu vermeiden

(Fortsetzung)

Tab. 6.3 (Fortsetzung)

Ölanalysetechnik	Überwachter Zustand	Anwendungen (Ausrüstung)	Typisches P–F-Niveau	Theorie des Betriebs	Fähigkeitsniveau des Personals	Vorteile	Nachteile
Erkennung von Magnetchips	Verschleiß und Ermüdung	Öle, die in Diesel- und Benzinmotoren, Gasturbinen, Getrieben, Untersetzungsgetrieben, Kompressoren und Hydrauliksystemen verwendet werden	Tage bis Wochen	Ein Magnetstecker ist im zirkulierenden Fluid des Schmiersystems montiert Metallpartikel haften am Stecker, der periodisch zur mikroskopischen Untersuchung der erfassten Partikel entfernt wird Art, Menge und Größe der Partikel können den Zustand der Ausrüstung anzeigen	Geschulter halbqualifizierter Arbeiter zur Probenentnahme Geschulter und erfahrener Techniker zur Analyse	Günstig Niedrigleistungsmikroskop zur Analyse von Ablagerungen	Kurzes P–F-Intervall Hohe Qualifikation zur Probenanalyse erforderlich
Partikelzähler zur Verdunklung von Maschen (Druckdifferenz)	Partikel in Schmier- und Hydraulikölsystemen, verursacht durch Verschleiß, Ermüdung, Korrosion und Verunreinigungen	Öle, die in Diesel- und Benzinmotoren, Gasturbinen, Getrieben, Untersetzungsgetrieben, Kompressoren und Hydrauliksystemen verwendet werden	Wochen bis Monate	Das Gerät misst Differenzdrücke über drei hochpräzise 5, 15, 25 μm Siebe, die jeweils eine bekannte Anzahl von Poren haben Partikel werden auf jeder Maschenoberfläche gefangen, was den Druckabfall über das Sieb erhöht Sensoren messen die Druckänderung, die in die Anzahl der Partikel umgewandelt wird, die größer als die Siebgröße sind Dies wird in einen Reinheitswert nach ISO 4406 umgewandelt	Geschulter halbqualifizierter Arbeiter zur Bedienung des Instruments Geschulter und erfahrener Techniker zur Interpretation der Ergebnisse	Keine Probenvorbereitung erforderlich Partikelzählungen kalibriert nach ISO 4406 Die meisten Öle können schnell analysiert werden Nicht beeinträchtigt durch Blasen, Emulsionen oder dunkle Öle Tragbare Ausrüstung	Nicht in der Lage, die chemische Zusammensetzung der Partikel zu identifizieren Muss mit einem zirkulierenden Ölsystem verwendet werden Ausrüstung mäßig teuer

(Fortsetzung)

Tab. 6.3 (Fortsetzung)

Ölanalysetechnik	Überwachter Zustand	Anwendungen (Ausrüstung)	Typisches P–F-Niveau	Theorie des Betriebs	Fähigkeitsniveau des Personals	Vorteile	Nachteile
Pflastertest	Verschleißmetalle, Ermüdung und manchmal Korrosionspartikel, Schlamm	Öle, die in Diesel- und Benzinmotoren, Gasturbinen, Getrieben, Untersetzungsgetrieben, Kompressoren und Hydrauliksystemen verwendet werden	Tage bis Wochen	Ein Vakuum wird verwendet, um ein Standardvolumen der Testflüssigkeit durch einen Scheibenfilter zu ziehen Der Grad der Verfärbung auf dem Filter wird mit einer Filterfarbbewertungsskala und einer Partikelbewertungsskala verglichen, um den Kontaminationsgrad zu bestimmen Der Filter wird mikroskopisch auf Art und Größe der Partikel untersucht	Ausgebildeter und erfahrener Facharbeiter	Testergebnisse sind zuverlässig, wiederholbar und empfindlich, um signifikante Veränderungen der Sauberkeit zu erkennen Gute qualitative Messung der Kontamination Tragbare Ausrüstung	Verschleißpartikel werden mit einem Mikroskop gezählt Ergebnisse können nicht kalibriert werden, was zu hohen Benutzer-zu-Benutzer-Variationen führt

(Fortsetzung)

Tab. 6.3 (Fortsetzung)

Ölanalysetechnik	Überwachter Zustand	Anwendungen (Ausrüstung)	Typisches P–F-Niveau	Theorie des Betriebs	Fähigkeitsniveau des Personals	Vorteile	Nachteile
Technik zur Porenverstopfung (Durchflussabfall)	Partikel in Schmier- und Hydraulikölsystemen, verursacht durch Verschleiß, Ermüdung, Korrosion und Verunreinigungen	Öle, die in Diesel- und Benzinmotoren, Gasturbinen, Getrieben, Untersetzungsgetrieben, Kompressoren und Hydrauliksystemen verwendet werden	Wochen bis Monate	Die Testflüssigkeit wird unter Druck gesetzt und darf je nach Viskosität des Öls durch ein ausgewähltes Präzisionskalibrierungssieb (5, 10, 15 μm) in einer Sensoreinheit fließen Partikel, die größer als das ausgewählte Sieb sind, sammeln sich an und behindern den Fluss Kleinere Partikel haften an größeren Partikeln und behindern den Fluss weiter Eine Flussabfall-Zeitkurve wird von einem Computer analysiert und eine entsprechende Partikelgrößenverteilung wird bestimmt, die in einen Reinheitswert nach ISO 4406 umgewandelt wird	Ausgebildeter Facharbeiter zur Bedienung des Instruments Ausgebildeter und erfahrener Techniker zur Interpretation der Ergebnisse	Keine Probenvorbereitung erforderlich Partikelzählungen kalibriert nach ISO 4406 Die meisten Öle können schnell analysiert werden Tragbare Ausrüstung	Nicht in der Lage, die chemische Zusammensetzung der Partikel zu identifizieren Muss mit einem zirkulierenden Ölsystem verwendet werden Ausrüstung ist mäßig teuer

(Fortsetzung)

Tab. 6.3 (Fortsetzung)

Ölanalysetechnik	Überwachter Zustand	Anwendungen (Ausrüstung)	Typisches P–F-Niveau	Theorie des Betriebs	Fähigkeitsniveau des Personals	Vorteile	Nachteile
Ferromagnetischer Sensor in Echtzeit	Ferromagnetische Partikel, verursacht durch Verschleiß und Ermüdung	Öle, die in Diesel- und Benzinmotoren, Gasturbinen, Getrieben, Untersetzungsgetrieben, Kompressoren und Hydrauliksystemen verwendet werden	Wochen bis Monate	Ein analoger ferromagnetischer Sensor zieht Metallpartikel mit einem Elektromagneten an Die gesammelten Partikel auf der Sensorspule ändern ihre Schwingungsfrequenz Die Frequenz wird kalibriert, um die Masse der gesammelten Eisenpartikel anzuzeigen Partikel werden nach der Messung wieder in die Flüssigkeit freigesetzt	Ausgebildeter Facharbeiter zur Bedienung des Instruments	Onlinetechnik	Begrenzt auf das Sammeln von nur ferromagnetischen Partikeln Zeigt nur die Masse der ferromagnetischen Partikel an
Oxidation rotierender Druckbehälter	Widerstand des Öls gegen Oxidation	Alle Schmierstoffe	Vierteljährlich bis jährlich	Die Testflüssigkeit wird in eine versiegelte Kammer gefüllt, die mit reinem Sauerstoff unter Druck bei erhöhter Temperatur gefüllt ist Während die Flüssigkeit Sauerstoff aufnimmt, fällt der Druck in der versiegelten Kammer Testergebnisse werden als Zeit (Minuten) angegeben, bis der Druck auf ein vorher festgelegtes Niveau abfällt	Ausgebildeter Facharbeiter zur Bedienung des Instruments	Bestimmung der verbleibenden Nutzungsdauer des Öls Standardisiert nach ASTM D2272	Gefahr beim Umgang mit Öl unter hohem Druck und erhöhter Temperatur Test ist zeitaufwendig und teuer, daher wird Ausrüstung mit großen Mengen an Öl getestet

(Fortsetzung)

Tab. 6.3 (Fortsetzung)

Ölanalysetechnik	Überwachter Zustand	Anwendungen (Ausrüstung)	Typisches P–F-Niveau	Theorie des Betriebs	Fähigkeitsniveau des Personals	Vorteile	Nachteile
Lineare Sweep-Voltammetrie	Widerstand des Öls gegen Oxidation	Alle Schmierstoffe	Wöchentlich bis vierteljährlich	Der Analyst fügt eine Ölprobe in ein Fläschchen mit einer Elektrolytlösung hinzu Die Probe wird voltammetrisch analysiert, um die verbleibende Konzentration des Antioxidans nach Gewicht zu bestimmen Der Voltameter setzt die Probe und die Elektrolytlösung einer variablen Sweep-Spannung aus, die die Additive elektrochemisch oxidieren lässt Der zwischen den Elektroden fließende Strom ist eine Funktion der Additivkonzentration Ein Abfall der Stromamplitude im Vergleich zur Basislinienamplitude bei der interessierenden Spannung weist auf die Erschöpfung des Antioxidansadditivs hin	Ausgebildeter Facharbeiter zur Bedienung des Instruments	Weniger teuer als die Oxidation im rotierenden Druckbehälter Standardisiert in ASTM D6810 und soll weiter in ASTM D6971 standardisiert werden	Nicht alle Prüflabore verfügen über die Ausrüstung, um Tests gemäß den neuen ASTM-Standards durchzuführen

- ASTM D924: Standardtestmethode für den Verlustfaktor (oder Leistungsfaktor) und die relative Permittivität (Dielektrizitätskonstante) von elektrischen Isolierflüssigkeiten
- ASTM D971: Standardtestmethode für die Grenzflächenspannung von Öl gegen Wasser nach der Ringmethode
- ASTM D974: Standardtestmethode für die Säure- und Basenzahl durch Farbindikatortitration
- ASTM D1698: Standardtestmethode für Sedimente und löslichen Schlamm in gebrauchten Isolierölen (zurückgezogen 2014)
- ASTM D1524: Standardtestmethode für die visuelle Untersuchung von gebrauchten elektrischen Isolierölen petrochemischen Ursprungs im Feld
- ASTM D1533: Standardtestmethode für Wasser in Isolierflüssigkeiten durch coulometrische Karl-Fischer-Titration
- ASTM D1744: Standardtestmethode zur Bestimmung von Wasser in flüssigen Erdölprodukten mit Karl-Fischer-Reagenz (zurückgezogen 2000)
- ASTM D1796: Standardtestmethode für Wasser und Sediment in Brennölen nach der Zentrifugenmethode (Laborverfahren)
- ASTM D1816: Standardtestmethode für die Durchschlagspannung von Isolierölen petrochemischen Ursprungs mit VDE-Elektroden
- ASTM D2272: Standardtestmethode für die Oxidationsstabilität von Dampfturbinenölen im rotierenden Druckbehälter
- ASTM D2896: Standardtestmethode für die Basenzahl von Erdölprodukten durch potentiometrische Perchlorsäuretitration
- ASTM D4739: Standardtestmethode zur Bestimmung der Basenzahl durch potentiometrische Titration
- ASTM D5259: Standardtestmethode zur Isolierung und Zählung von Enterokokken aus Wasser durch das Membranfilterverfahren
- ASTM D6469: Standardleitfaden für mikrobielle Kontamination in Kraftstoffen und Kraftstoffsystemen
- ASTM D6810: Standardtestmethode zur Messung des Gehalts an gehinderten phenolischen Antioxidantien in zinkfreien Turbinenölen durch lineare Sweep-Voltammetrie
- ASTM D6971: Testmethode zur Messung des Gehalts an gehinderten phenolischen und aromatischen Aminantioxidantien in zinkfreien Turbinenölen durch lineare Sweep-Voltammetrie.
- ASTM E2412: Standardverfahren zur Zustandsüberwachung von gebrauchten Schmierstoffen durch Trendanalyse mit Fourier-Transform-Infrarot(FT-IR)-Spektrometrie
- IEEE Standard 95: Empfohlene Praxis für Isolationsprüfungen von Wechselstrommaschinen (2300 V und höher) mit hoher Gleichspannung
- ISO 2719: Bestimmung des Flammpunkts – Pensky-Martens-Methode mit geschlossenem Tiegel
- ISO 3734: Erdölprodukte – Bestimmung von Wasser und Sediment in Rückstandsölen – Zentrifugenmethode

- ISO 3771: Erdölprodukte – Bestimmung der Basenzahl – Potentiometrische Perchlorsäure-Titrationsmethode
- ISO 4406: Hydraulikflüssigkeiten – Methoden zur Kodierung des Verschmutzungsgrades durch feste Partikel
- ISO 6618: Erdölprodukte und Schmierstoffe – Bestimmung der Säure- oder Basenzahl – Titrationsmethode mit Farbindikator
- ISO 7537: Erdölprodukte – Bestimmung der Säurezahl – Semimikro-Farbindikator-Titrationsmethode
- ISO 12937: Erdölprodukte – Bestimmung von Wasser – Coulometrische Karl-Fischer-Titrationsmethode
- NAS 1638: Reinheitsanforderungen für Teile, die in Hydrauliksystemen verwendet werden (August 2001) (ersetzt durch SAE AS 4059)
- SAE AS 4059, Revision E, (Mai 2005): Luft- und Raumfahrt-Hydraulikflüssigkeiten – Reinheitsklassifikation für Hydraulikflüssigkeiten. Society of Automotive Engineers

Kapitel 7
Korrosionsüberwachung und zerstörungsfreie Prüfung

Korrosionsüberwachungstechniken (d. h. Coupontests und/oder Korrometertests) können Ausrüstungs- und Maschinenbetreiber unterstützen, indem sie frühzeitig warnen, dass schädliche Bedingungen vorliegen, die zu einem korrosionsbedingten Ausfall führen können. Es ist eine Technik, die auch die Korrelation von Änderungen der Prozessparameter und deren Auswirkungen auf die Systemkorrosivität untersucht. Sie funktioniert auch, indem sie die Ursachen eines bestimmten Korrosionsproblems ermittelt und die geschwindigkeitsbestimmenden Parameter wie Druck, Temperatur, pH-Wert, Durchflussrate usw. identifiziert. Darüber hinaus bewertet die Technik die Wirksamkeit von Korrosionsschutz-/Präventionstechniken in Systemen wie chemischer Inhibition und der Bestimmung optimaler Anwendungen. Schließlich liefert sie dem Betreiber und dem Landmanagement Informationen zu den Wartungsanforderungen und dem aktuellen Zustand der Ausrüstung/des Systems.

> Es muss beachtet werden, dass die in diesem Kapitel beschriebene Korrosionsüberwachung keine der von den relevanten Klassifikationsregeln geforderten Nahinspektionen ersetzt.

Korrosionsüberwachungstechniken

Coupontests

Coupontests beinhalten das Platzieren von sogenannten Opferproben, die normalerweise aus kohlenstoffarmem Stahl oder aus einem Material bestehen, das das Konstruktionsmaterial der überwachten Ausrüstung nachbildet, in den Prozess,

A. A. Olsen, *Zustandsüberwachung und Instandhaltungstechniken maritimer Ausrüstung*, https://doi.org/10.1007/978-3-031-76884-2_7

sodass die Korrosion der Ausrüstung überwacht werden kann. Die Coupons werden regelmäßig gemessen und beobachtet, um die Auswirkungen der Prozessumgebung auf diese Teststücke zu verstehen. Messungen umfassen die Überprüfung von Gewichtsverlust, Maßänderungen und das Vorhandensein von physikalischen Schäden wie Lochfraß. Diese Technik kann verwendet werden, um Tests in Prozessanlagen, an unterirdischen/unterseeischen Strukturen, Süß- oder Meerwasserkühlsystemen und elektrischen Erzeugungssystemen durchzuführen sowie zur Überwachung des kathodischen Schutzes, des abrasiven Schlammtransports und der atmosphärischen Korrosion.

- Typisches P–F-Intervall: Wochen
- Qualifikationsniveau: ausgebildeter und erfahrener Techniker

Zu den Vorteilen dieser Technik gehören:

(1) Korrosionseffekte können genau vorhergesagt werden, wenn die Umgebung während des Testzeitraums konstant bleibt.
(2) Tests sind relativ kostengünstig und liefern anschauliche Beispiele für die zu erwartende Korrosion.

Zu den Nachteilen dieser Technik zählen:

(1) Tests können lange dauern, bis sie abgeschlossen sind.
(2) Die Bestimmung der Korrosionsraten kann mehrere Wochen oder Monate dauern.
(3) Die Tests beinhalten die direkte Arbeit mit potenziell gefährlichen korrosiven Materialströmen.

Korrometer (Elektrischer Widerstand)

Korrometertests helfen, die Korrosionsrate von Ausrüstungen zu messen, indem die Änderung des elektrischen Widerstands eines Probenmaterials überwacht wird. Da der Querschnitt des Probenmaterials durch Korrosion reduziert wird, erhöht sich der elektrische Widerstand der Probe. Die gemessene Widerstandsänderung entspricht dem gesamten Metallverlust und kann in eine Korrosionsrate umgewandelt werden. Diese Technik kann verwendet werden, um Tests in Prozessanlagen, an unterirdischen/unterseeischen Strukturen, in Meerwasserkühlsystemen und elektrischen Erzeugungssystemen durchzuführen sowie zur Überwachung des kathodischen Schutzes, des abrasiven Schlammtransports und der atmosphärischen Korrosion.

- Typisches P–F-Intervall: Monate
- Qualifikationsniveau: ausgebildeter und erfahrener Techniker

Zu den Vorteilen dieser Technik gehören:

(1) Tragbare Geräte sind verfügbar.
(2) Tests funktionieren in vielen Umgebungen.
(3) Tests können kontinuierlich mit einem Online-Monitor durchgeführt werden.
(4) Ergebnisse lassen sich leicht in Korrosionsraten umwandeln.

Zu den Nachteilen dieser Technik zählen:

(1) Tragbare Geräte liefern keine dauerhaften Aufzeichnungen.
(2) Der Test zeigt normalerweise keine Änderungen der Korrosionsrate an.

Potenzialüberwachung

Die Potenzialüberwachung hilft, den Korrosionszustand (d. h. aktiv oder passiv) eines Materials zu identifizieren, indem sie lokale Korrosion überwacht und anzeigt, wann aktive Korrosion im Gange ist. Dieser Test nutzt die Tatsache, dass Metalle in einem aktiven Korrosionszustand (d. h. höhere Korrosionsrate) ein anderes elektrisches Potenzial haben als in einem passiven Korrosionszustand (d. h. niedrigere Korrosionsrate). Ein Voltmeter wird verwendet, um das Potenzial des Probenbereichs zu messen. Diese Technik kann zur Überwachung in Prozessanlagen und elektrischen Erzeugungssystemen verwendet werden. Die Technik eignet sich am besten für Edelstahl, nickelbasierte Legierungen und Titan.

- Typisches P–F-Intervall: variiert je nach Material und Korrosionsrate
- Qualifikationsniveau: ausgebildeter und erfahrener Techniker

Zu den Vorteilen dieser Technik gehören:

(1) Der Test liefert eine schnelle Reaktion auf Veränderungen.
(2) Lokale korrosive Effekte werden überwacht.

Zu den Nachteilen dieser Technik zählen:

(1) Der Test liefert keine Korrosionsraten.
(2) Tests werden durch Änderungen der Temperatur und des Säuregehalts beeinflusst.

Ultraschalldickenmessung

Beziehen Sie sich auf den Abschnitt *Ultraschalldickenmessung* für Informationen zur Bewertung der Korrosion. Weitere Anweisungen finden Sie in Tab. 7.1 zur Zustandsüberwachung.

Zerstörungsfreie Prüfmethoden und -techniken

Zerstörungsfreie Prüfungen umfassen Tests (z. B. Röntgen- und Ultraschallanalysen), die nicht invasiv für das Prüfobjekt sind. Viele dieser Tests können durchgeführt werden, während die Ausrüstung online ist. Darüber hinaus können diese Tests an strukturellen (stationären) Komponenten sowie an den rotierenden/reziprokierenden Komponenten der Ausrüstung durchgeführt werden, für die die Zustandsüberwachung durchgeführt werden soll. Dieser Abschnitt listet die gebräuchlichsten zerstörungsfreien Prüfverfahren auf, die an Bord von Schiffen und Offshore-Strukturen verwendet werden. Tab. 7.1 listet die in diesem Abschnitt behandelten empfohlenen Techniken zusammen mit den zu überwachenden üblichen Bedingungen auf. In allen Fällen muss der von der Klasse zugelassene Prüfer im Voraus benachrichtigt werden, um zusätzliche Anweisungen zu erhalten, wenn zerstörungsfreie Prüfverfahren verwendet werden, um die Einhaltung der Klassenvorschriften nachzuweisen.

Röntgenradiografie

Die Röntgenradiografie hilft, Oberflächen- und Unterflächenfehler zu identifizieren, die durch Probleme wie Spannungen, Korrosion, Einschlüsse, Ermüdung, schlechte oder unvollständige Schweißnähte und eingeschlossene Gase verursacht werden. Darüber hinaus kann sie verwendet werden, um Halbleiterfehler und lose Drähte zu lokalisieren. Die Technik erzeugt ein Radiogramm, indem Röntgenstrahlen durch undurchsichtige Materialien geleitet werden, was ein Bild dieser Materialien auf Film, speziellen Bildschirmen oder einer Kathodenstrahlröhre erzeugt. Typischerweise erfasst der Film, der Röntgenstrahlen ausgesetzt ist, ein schattenähnliches Bild. Die dunkelsten Teile sind dort, wo das Objekt am dünnsten ist und die geringste Strahlung absorbiert. Diese Technik kann verwendet werden, um Schweißnähte, Stahlstrukturen, Kunststoffstrukturen und metallische Verschleißteile von Motoren, Kompressoren, Getrieben, Pumpen und Wellen zu analysieren.

Tab. 7.1 Zustandsüberwachung

	Schweißfehler	Gasporosität	Oberflächenschrumpfung	Unzureichende Schweißnahtdurchdringung	Risse, Rissbildung	Unterirdische Fehler in Platten, Wellen und Gehäusen	Interkristalline Korrosion	Korrosionsermüdung	Spannungskorrosion	Wasserstoffversprödung	Oberflächenrisse	Oberflächenfehler
Röntgenradiografie	•	•		•	•	•	•					
Flüssige Farbeindringmittel					•			•	•	•	•	•
Ultraschalllecksuche												
Ultraschallfehlererkennung	•	•					•		•			
Magnetpulverprüfung			•		•			•	•	•		
Wirbelstromprüfung												
Akustische Emission					•							
Hydrostatische/pneumatische Prüfung												
Visuelle Inspektion (Boreskop)	•				•						•	

(Fortsetzung)

Tab. 7.1 (Fortsetzung)

	Versprödung	Defekte in der Druckgrenze, Lecks	Metallstärkenverlust durch Verschleiß, Korrosion oder beides	Laminierung	Korrosion	Verformung	Oberflächen- und flache Unterflächenfehler, Platten	Rohrdicke	Verschleiß	Ermüdung	Plastische Verformung	Spannung	Oxidfilme
Röntgenradiografie													
Flüssige Farbeindringmittel	•												
Ultraschalllecksuche		•											
Ultraschallfehlererkennung			•					•					
Magnetpulverprüfung				•			•		•	•			
Wirbelstromprüfung			•		•	•	•	•	•				
Akustische Emission									•	•	•	•	
Hydrostatische/ pneumatische Prüfung		•											
Visuelle Inspektion (Boreskop)									•	•			•

- Typisches P–F-Intervall: Monate
- Qualifikationsniveau: ausgebildeter und erfahrener Techniker zur Aufnahme der Radiogramme und ausgebildeter und erfahrener Techniker oder Ingenieur zur Interpretation der Radiogramme

Zu den Vorteilen dieser Technik gehören:

(1) Die Technik untersucht das Innere von Testmaterialien, um versteckte Fehler zu lokalisieren (d. h. Bereiche, die extern nicht sichtbar sind).
(2) Die Technik liefert einen dauerhaften Nachweis des Tests.

Zu den Nachteilen dieser Technik zählen:

(1) Manchmal sind mehrere Ansichten erforderlich, um den Fehler zu lokalisieren.
(2) Die Sicherheit in Bezug auf Strahlenexposition ist sehr wichtig.
(3) Der Test ist nicht sehr empfindlich gegenüber rissartigen Fehlern.
(4) Zugriff von beiden Seiten ist manchmal erforderlich, abhängig von der Lage des zu untersuchenden Materials.
(5) Besondere Sorgfalt muss darauf verwendet werden, die Informationen zu speichern oder zu archivieren. Neue moderne filmlose Methoden können die Informationen elektronisch speichern.

Flüssige Farbstoffpenetrationsmittel

Der Einsatz von flüssigen Farbstoffpenetranten kann helfen, Oberflächenunregelmäßigkeiten oder Risse zu erkennen, die durch Probleme wie Ermüdung, Verschleiß, Oberflächenschrumpfung und Schleifen entstanden sind. Die Technik beinhaltet das Auftragen eines flüssigen Farbstoffpenetrationsmittels auf eine Testoberfläche und das anschließende Warten, bis der Farbstoff in die Oberfläche eindringt. Der nächste Schritt besteht darin, überschüssige Penetranten von der Oberfläche zu entfernen. Die Oberfläche wird erneut mit einem Entwickler behandelt, der den Penetranten an die Oberfläche zieht und so die Lage der Unvollkommenheiten sichtbar macht. Flüssige Eindringmittel werden nach der Art des Farbstoffs (d. h. sichtbarer Farbstoff, fluoreszierendes Eindringmittel und Penetrant mit doppelter Empfindlichkeit) und der Art der Verarbeitung (d. h. wasserabwaschbar, nachemulgiert oder lösungsmittelentfernt) kategorisiert, die erforderlich ist, um den Farbstoff von der Oberfläche zu entfernen. Elektrostatische fluoreszierende Eindringmittel sind eine weitere Art, bei der eine entgegengesetzte elektrostatische Polarität zwischen der Testoberfläche und dem Penetranten induziert wird. Diese Technik kann verwendet werden, um ferromagnetische und nichtferromagnetische Materialien wie Schweißnähte, bearbeitete Oberflächen, Stahlstrukturen, Wellen, Kessel, Kunststoffstrukturen und Kompressorempfänger zu analysieren.

- Typisches P–F-Intervall: Tage bis Monate
- Qualifikationsniveau: ausgebildeter und erfahrener Techniker

Zu den Vorteilen dieser Technik gehören:

(1) Sichtbare Farbstoffpenetrationssets sind billig (***Hinweis***: *Fluoreszierende Sets sind empfindlicher, aber deutlich teurer)*.
(2) Oberflächenprobleme bei nicht ferromagnetischen Materialien können erkannt werden.
(3) Bei elektrostatischen fluoreszierenden Eindringmitteln führt die Polarität zu einer vollständigeren und gleichmäßigeren Verteilung von Eindringmittel und Entwickler, was eine höhere Empfindlichkeit bietet.

Zu den Nachteilen dieser Technik zählen:

(1) Tests funktionieren nicht bei hochporösen Materialien.
(2) Es ist wichtig, die Oberfläche des zu testenden Geräts vorzubereiten, da diese sehr sauber und frei von Verunreinigungen wie Farbe, Öl oder Fett sein muss. Gute Entfetter sind für diese Aufgabe nützlich.
(3) Die Technik ist nicht für Online-Tests geeignet.
(4) Nur oberflächenbrechende Fehler von mehr als 1,9 μm sind nachweisbar.
(5) Erfahrenes Personal ist erforderlich, um die Ergebnisse zu bewerten.
(6) Ein dunkler Arbeitsbereich ist für fluoreszierende Farbstofftests erforderlich.

Ultraschalllecksuche

Die Ultraschallanalyse kann verwendet werden, um Änderungen in den Schallmustern zu erkennen, die durch Probleme wie Lecks, Abnutzung, Ermüdung oder Verschlechterung verursacht werden. Ultraschall (d. h. Hochfrequenzschallwellen, die über der menschlichen Wahrnehmung von 20 kHz bis 100 kHz liegen) wird von einem Ultraschallübersetzer erfasst und in hörbare oder visuelle Ausgaben umgewandelt. Diese Technik kann verwendet werden, um Lecks in Druck-/Vakuumsystemen und unterirdischen Rohren oder Tanks zu erkennen und statische Entladungen zu detektieren.

- Typisches P–F-Intervall: sehr variabel
- Qualifikationsniveau: ausgebildeter Facharbeiter

Zu den Vorteilen dieser Technik gehören:

(1) Die Tests sind schnell und einfach durchzuführen.
(2) Der Ort der Geräuschquelle kann genau bestimmt werden.

(3) Die Ausrüstung ist tragbar und die Überwachung kann aus großer Entfernung erfolgen.

Zu den Nachteilen dieser Technik zählen:

(1) Einige Tests können nur unter Vakuum durchgeführt werden.
(2) Der Test erfordert einen Mindestdifferenzdruck von 0,7 bar (10 psi), um erfolgreich zu sein.
(3) Im Allgemeinen geben die Testergebnisse keine Auskunft über die Größe eines Lecks.***Hinweis***: *siehe* Kap. 5, *Abschnitt Ultraschallanalyse als dynamische Analyse zur Zustandsüberwachung für zusätzliche Fähigkeiten.*

Ultraschallfehlererkennung

Die Ultraschallprüfung nutzt die Erzeugung von Hochfrequenzschwingungen im Frequenzbereich von 25 kHz bis 20 MHz. Diese Technik kann mit einer Genauigkeit von ±0,025 mm messen. Die Technik hilft, Oberflächen- und Untergrundunterbrechungen im Inneren zu erkennen, die durch Probleme wie Ermüdung, Wärmebehandlung, Einschlüsse und mangelnde Durchdringung, Gasporositätsschweißnähte und allgemeine Schweißfehler verursacht werden. Sie kann auch die Materialdicke in Testobjekten messen. Der Test beinhaltet die Verwendung eines Wandlers, um eine Ultraschallschwingung auf ein Testobjekt anzuwenden und dann das Signal zurückzuempfangen und zu analysieren, um Änderungen zu erkennen, die auf das Vorhandensein von Unterbrechungen im Testobjekt hinweisen könnten. Ultraschalltechniken umfassen Impulsecho, Übertragung, Resonanz und Frequenzmodulation. Diese Technik kann verwendet werden, um ferromagnetische und nichtferromagnetische Schweißnähte, Stahlkonstruktionen, Kessel, Rohre, Kunststoffstrukturen und Behälter/Tanks zu inspizieren. Die meisten Kunststoffe absorbieren Ultraschallenergie schneller, sodass ihr Dickenbereich begrenzt ist.

- Typisches P–F-Intervall: Wochen bis Monate
- Qualifikationsniveau: ausgebildeter und erfahrener Techniker

Ein Vorteil dieser Technik ist, dass die Tests auf die Mehrheit der Materialien anwendbar sind. Ein Nachteil dieser Technik zeigt sich darin, dass die Testergebnisse von hochqualifizierten Technikern interpretiert werden müssen, da es schwierig ist, zwischen verschiedenen Fehlerarten klar zu unterscheiden. ***Hinweis:*** *siehe* Kap. 5, *Abschnitt Ultraschallanalyse als dynamische Analyse zur Zustandsüberwachung für zusätzliche Fähigkeiten.*

Ultraschall-Phased-Array

Die Ultraschall-Phased-Array-Sonde besteht aus einer Wandleranordnung mit 16 bis zu 256 einzelnen Elementen, die jeweils separat gepulst werden können. Ein Phased-Array-System verwendet ein computergestütztes Instrument, das in der Lage ist, die Mehrfachelementsonde zu steuern, die zurückkehrenden Echos zu empfangen und zu digitalisieren und die Echoinformationen in verschiedenen Formaten darzustellen. Im Gegensatz zu herkömmlichen Fehlerdetektoren können Phased-Array-Systeme einen Schallstrahl durch einen Bereich von gebrochenen Winkeln oder entlang eines linearen Pfades schwenken oder dynamisch auf eine Reihe von verschiedenen Tiefen fokussieren, wodurch sowohl die Flexibilität als auch die Fähigkeit bei Inspektionsaufbauten erhöht wird.

- Typisches P–F-Intervall: Monate
- Qualifikationsniveau: ausgebildeter und erfahrener Techniker

Magnetpulverprüfung

Die Magnetpulverprüfung hilft bei der Erkennung von Oberflächenrissen/oberflächennahen Rissen und Unterbrechungen, die durch Probleme wie Ermüdung, Abnutzung, Einschlüsse, Laminierungen, Wärmebehandlung, Wasserstoffversprödung, Nähte und Korrosion verursacht werden können. Die Technik beinhaltet das Magnetisieren des Teststücks und das Besprühen mit einer Lösung, die sehr feine Eisenpartikel enthält. Unterbrechungen auf der Oberfläche des Teststücks führen dazu, dass sich die Eisenpartikel ansammeln und einen Hinweis auf den Fehler bilden. Die Ergebnisse werden dann interpretiert. Diese Technik kann verwendet werden, um ferromagnetische Metalle wie Behälter/Tanks, Schweißnähte, bearbeitete Oberflächen, Wellen, Stahlkonstruktionen und Kessel zu analysieren.

- Typisches P–F-Intervall: Tage bis Monate
- Qualifikationsniveau: ausgebildeter und erfahrener Techniker

Zu den Vorteilen dieser Technik gehören:

(1) Der Test ist zuverlässig.
(2) Der Test ist empfindlich.
(3) Der Test ist weit verbreitet.

Zu den Nachteilen dieser Technik zählen:

(1) Der Test ist auf die Erkennung von Oberflächenfehlern beschränkt.
(2) Der Test kann nur an ferromagnetischen Materialien durchgeführt werden.
(3) Der Test ist zeitaufwendig.
(4) Der Test ist nicht als Online-Test anwendbar.

Wirbelstromprüfung

Die Wirbelstromprüfung hilft, Oberflächenfehler und oberflächennahe Fehler zu erkennen, die durch Probleme wie Verschleiß, Ermüdung und Stress verursacht werden. Sie hilft auch, Maßänderungen zu entdecken, die durch Probleme wie Abnutzung und Dehnung entstehen. Darüber hinaus kann sie helfen, die Materialhärte zu bestimmen. Die Technik beinhaltet das Anlegen von hochfrequentem Wechselstrom an leitfähige Materialprüfobjekte und das Induzieren von Wirbelströmen um Diskontinuitäten. Die elektrischen Effekte im Prüfteil werden verstärkt und auf einer Kathodenstrahlröhre oder einem Messgerät angezeigt. Diese Technik kann zur Analyse von Kesseln, Wärmetauschern, Hydraulikrohren und Hebeseilen verwendet werden.

- Typisches P–F-Intervall: Wochen
- Fähigkeitsniveau: ausgebildeter und erfahrener Techniker

Zu den Vorteilen dieser Technik gehören:

(1) Der Test kann an einer Vielzahl von leitfähigen Materialien durchgeführt werden.
(2) Dauerhafte Aufzeichnungen können über Datenrekorder erstellt werden.

Zu den Nachteilen dieser Technik zählen:

(1) Nichtferromagnetische Materialien reagieren schlecht auf den Test.
(2) Bei einer Empfindlichkeit gegenüber Oberflächenrauheit ist es schwierig, den Fehler zu erkennen, wenn die Oberflächenrauheit größer ist als die Tiefe des Fehlers.
(3) Die Inspektion der Schweißnaht ist schwierig.

Akustische Emission

Die akustische Emissionsprüfung überwacht die plastische Verformung, Rissbildung und Korrosion, die durch Probleme wie Ermüdung, Stress und Verschleiß verursacht werden. Die Technik beinhaltet das Aussetzen des Prüfobjekts einem Reiz wie Temperatur, Druck, chemische Reaktion (Rost) Lasten und das Hören auf die hörbaren Spannungswellen, die von der Struktur ausgesendet werden. Die Testergebnisse können auf einem Monitor als x-y-Diagramm angezeigt werden. Diese Technik kann verwendet werden, um Behälter, Kranarme, andere Strukturen, Druckbehälter und Rohrleitungen zu testen.

- Typisches P–F-Intervall: Wochen
- Fähigkeitsniveau: ausgebildeter und erfahrener Techniker

Zu den Vorteilen dieser Technik gehören:

(1) Der Test kann aus der Ferne in Bezug auf die Fehler durchgeführt werden und die gesamte Struktur abdecken.
(2) Aktive Fehler können erkannt werden.
(3) Relative Lasten, die im Test verwendet werden, können in einigen Fällen verwendet werden, um Versagenslasten abzuschätzen.

Zu den Nachteilen dieser Technik zählen:

(1) Das Prüfobjekt muss belastet werden.
(2) Spezielle Software ist erforderlich, um störende Geräusche von mechanischem Reiben usw. zu filtern.
(3) Die Ergebnisanalyse kann ohne diese Software schwierig sein.***Hinweis**: siehe* Kap. 5, Tab. 5.3 *als dynamische Überwachungstechnik für zusätzliche überwachte Bedingungen und Fähigkeiten.*

Hydrostatische und pneumatische Prüfung

Die hydrostatische Prüfung hilft, Undichtigkeiten in den Druckgrenzen eines Systems zu erkennen, die durch Probleme wie Ermüdung, Stress, Verschleiß und Herstellungs- oder Materialfehler verursacht werden. Der Prüfprozess beinhaltet das Füllen des zu prüfenden Systems mit Wasser oder Betriebsflüssigkeit. Das System wird dann abgedichtet und der Druck wird auf etwa das 1,5-Fache des Betriebsgrenzwerts des Systems oder einen anderen vorbestimmten Prüfdruck erhöht. Dies wird für einen definierten Zeitraum gemäß den Klassenvorschriften oder den Vorschriften der Flaggenverwaltung durchgeführt. Für Fälle, in denen der Tank des Behälters getestet wird, wird der Prüfdruck durch die Höhe des

Tankentlüftungsventils bestimmt. Der Druck wird für einen definierten Zeitraum gehalten, während Inspektionen und Überwachungen auf sichtbare Lecks, einen Druckabfall im System und Nachfüllungen von Wasser/Betriebsflüssigkeit durchgeführt werden. Das Prinzip der hydrostatischen Prüfung kann auch mit komprimierten Gasen angewendet werden. Diese Technik kann verwendet werden, um Komponenten (d. h. Tanks, Behälter, Rohrleitungen) und vollständig montierte Systeme zu testen, die unter Druck stehende Flüssigkeiten oder Gase enthalten.

- Typisches P–F-Intervall: Tage bis Wochen
- Fähigkeitsniveau: ausgebildeter Facharbeiter

Ein Vorteil dieser Technik ist, dass die Ergebnisse leicht zu interpretieren sind. Zu den Nachteilen dieser Technik zählen:

(1) Der Test hat das Potenzial, das System zu überdrücken und zu beschädigen.
(2) Der Test wird keine Defekte identifizieren, die keine Druckgrenze durchdrungen haben.
(3) Der Test ist nicht als Online-Test anwendbar.
(4) Beim Testen mit einem Gas muss darauf geachtet werden, dass kein Überdruck entsteht und das zu testende Bauteil oder Systems nicht beschädigt wird.
(5) Kleine Lecks sind schwer zu erkennen.

Visuelle Inspektion (Boreskop)

Visuelle Inspektionen mit einem Boreskop ermöglichen interne Inspektionen der Oberfläche von engen Rohren, Bohrungen, Leitungen, Kammern von Motoren, Pumpen, Turbinen, Kompressoren, Kesseln usw. Die Inspektion hilft, Oberflächenrisse, Oxidfilme, Schweißfehler, Korrosion, Verschleiß und Ermüdungsfehler zu lokalisieren und zu orientieren. Das Boreskop bietet ein System, um Licht von einer externen Lichtquelle zu leiten, um Teile zu beleuchten, die mit bloßem Auge nicht leicht sichtbar sind, und bietet eine Möglichkeit, diese zu vergrößern, zu fotografieren oder beides zu tun.

- Typisches P–F-Intervall: Wochen
- Fähigkeitsniveau: ausgebildeter und erfahrener Techniker

Zu den Vorteilen dieser Technik gehören:

(1) Die Ausrüstung bietet hervorragende Ansichten.
(2) Die zu untersuchenden Teile können fotografiert und vergrößert werden.

Zu den Nachteilen dieser Technik zählen:

(1) Die Inspektion ist auf Oberflächenbedingungen beschränkt.
(2) Die Linsensysteme sind oft unflexibel.
(3) Techniker können bei längeren Inspektionen unter Augenbelastung leiden.

Andere Techniken

Es gibt verschiedene andere zerstörungsfreie Zustandsüberwachungstechniken zur Bewertung der strukturellen Integrität. Diese zusätzlichen Techniken sind in Tab. 7.2 aufgeführt.

Tab. 7.2 Zusätzliche zerstörungsfreie Überwachungstechniken

Zerstörungsfreie Technik	Überwachter Zustand	Anwendungen (Ausrüstung)	Typisches P–F-Niveau	Theorie des Betriebs	Fähigkeitsniveau des Personals	Vorteile	Nachteile
Kaltlicht-starre Sonden	Oberflächenrisse und Orientierung, Oxidfilme, Schweißfehler, Korrosion, Verschleiß und Ermüdung	Interne visuelle Inspektion von engen Rohren, Bohrungen und Kammern von Motoren, Pumpen, Turbinen, Kompressoren, Kesseln, Kondensatoren usw.	Wochen bis Monate je nach Anwendung	Das Licht wird von einer externen Lichtquelle entlang eines flexiblen Glasfaserkabels zum Boreskop geleitet Fotos oder Videos können aufgenommen werden Bilder können vergrößert werden Vorwärts-, Vorwärts-Schräg-, Seiten- und Rückwärtsansichtsversionen dieses Geräts sind verfügbar Verschiedene Längen und Durchmesser	Ausgebildeter und erfahrener Techniker	Inspektion erfolgt mit klarer Beleuchtung Teile, die mit bloßem Auge nicht sichtbar sind, können fotografiert und vergrößert werden Es wird keine Wärme erzeugt, wenn das Kaltlicht verwendet wird	Inspektion nur von Oberflächen Auflösung ist begrenzt Das Linsensystem ist relativ unflexibel Geräte können während der Prüfung in der Regel nicht betrieben werden
Panoramafiberskop				Das Licht wird durch ein flexibles Glasfaserkabel in das Fiberskop geleitet, das an seiner Spitze mit einem ferngesteuerten Prisma ausgestattet ist, um eine Vorwärts- und Seitenansicht nach Wunsch zu ermöglichen Fotos oder Fernsehbilder oder Videos können aufgenommen werden. Ein ultraviolettes Licht kann zusammen mit fluoreszierendem Eindringmittel verwendet werden, um Fehler zu erkennen		Vermeidung des Zerlegens von Geräten Die Flexibilität des Panoramafiberskops ermöglicht detailliertere Inspektionen	

(Fortsetzung)

Tab. 7.2 (Fortsetzung)

Zerstörungsfreie Technik	Überwachter Zustand	Anwendungen (Ausrüstung)	Typisches P–F-Niveau	Theorie des Betriebs	Fähigkeitsniveau des Personals	Vorteile	Nachteile
Tiefensondenendoskop		Zusätzlich zu den oben genannten Anwendungen, Rohrleitungen in Kesseln und Wärmetauschern		Verschiedene Längen bis zu 21 m (68 ft)			
Elektronenfraktografie	Ermüdungsrisswachstum	Metallische Komponenten, die zyklischen Belastungen ausgesetzt sind	Abhängig von der Anwendung	Der Verlauf eines Bruchprozesses ist an der Bruchfläche erkennbar Durch das Studium einer Replik des Bruchs mit einem Elektronenmikroskop ist es möglich, die Ursachen und Umstände des Versagens zu bestimmen	Replik der Bruchfläche – ausgebildeter Techniker Analyse und Auswertung – erfahrener Ingenieur	Fehler können mit hoher Sicherheit analysiert werden Keine Beschädigung der Bruchfläche bei der Herstellung der Replik	Elektronenmikroskop ist teuer Analyse der Ergebnisse erfordert ein hohes Maß an Spezialisierung Keine Online-Technik Unzugängliche Komponenten müssen demontiert werden

(Fortsetzung)

Tab. 7.2 (Fortsetzung)

Zerstörungsfreie Technik	Überwachter Zustand	Anwendungen (Ausrüstung)	Typisches P–F-Niveau	Theorie des Betriebs	Fähigkeitsniveau des Personals	Vorteile	Nachteile
Abziehbare Magnetfolie	Oberflächenunregelmäßigkeiten und Risse, die durch Ermüdung, Verschleiß, Oberflächenschrumpfung, Schleifen, Wärmebehandlung, Wasserstoffversprödung, Laminierungen, Korrosionsermüdung, Korrosionsspannungen, Überlappungen und Nähte verursacht werden	Ferromagnetische Metalle wie Kompressorempfänger, Schweißnähte, bearbeitete Oberflächen, Wellen, Zahnräder, Stahlkonstruktionen, Kessel usw.	Wochen bis Monate	Selbsthärtende Silikonkautschuklösung mit feinen Eisenoxidpartikeln wird in/auf den zu inspizierenden Bereich gegossen und ein Magnetfeld wird induziert Die magnetischen Partikel in der Lösung wandern unter dem Einfluss des Magnetfelds zu den Rissen Nach dem Aushärten wird der Kautschuk entfernt Risse erscheinen auf dem Kautschuk als intensive schwarze Linien Die Analyse kleiner Risse kann ein Mikroskop erfordern	Lösungsanwendung – angelernter Arbeiter Auswertung – erfahrener Techniker	Kann in Bereichen mit eingeschränktem Sichtzugang verwendet werden Bietet eine Aufzeichnung	Erkennt nur Oberflächenrisse Keine Online-Technik
Röntgenradiografische Fluoroskopie	Siehe *Röntgenradiografie*			Die Komponente wird zwischen der Strahlungsquelle und dem fluoreszierenden Bildschirm platziert Die durchgelassene Strahlung erzeugt eine Fluoreszenz unterschiedlicher Intensität auf dem beschichteten Bildschirm Die Helligkeit des Bildes ist proportional zur Intensität der durchgelassenen Strahlung		Schnelle Ergebnisse Scanfähigkeit Weit verbreitete Technik Relativ niedrige Kosten	Keine Aufzeichnung erzeugt Bildqualität ist generell minderwertig Weniger empfindlich als Röntgenradiografie

Kapitel 8
Elektrische Tests

Elektrische Zustandsüberwachungstechniken (d. h. Hochspannungstests, Leistungsanalyse) beinhalten die Messung von Änderungen der Systemeigenschaften wie Widerstand, Leitfähigkeit, dielektrische Festigkeit und Potenzial. Einige der Probleme, die mit diesen Techniken erkannt werden können, sind die Verschlechterung der elektrischen Isolierung, gebrochene Motorrotorstangen und ein Kurzschluss der Motorstatorbleche. Für Temperaturmessungen an elektrischen Geräten unter Anwendung der Infrarotthermografie wird auf Kap. 4 verwiesen.

Elektrische Test- und Überwachungstechniken

Megohmmetertests

Ein Megohmmeter kann verwendet werden, um den Isolationswiderstand elektrischer Schaltkreise zu testen. Die Technik beinhaltet das Anlegen einer bekannten Spannung an die elektrischen Schaltkreise des zu testenden Geräts und die Messung des Stromflusses. Basierend auf dem Leckstrom, der zur Erde fließt, kann der Widerstand der Geräteisolierung bestimmt werden.

- Typisches P–F-Intervall: Monate bis Jahre
- Qualifikationsniveau: halbqualifizierter Techniker, Techniker oder Ingenieur

Ein Vorteil dieser Technik ist, dass sie einfach und gut verstanden ist. Der einzige große Nachteil dieser Technik besteht darin, dass keine Online-Tests durchgeführt werden können.

A. A. Olsen, *Zustandsüberwachung und Instandhaltungstechniken maritimer Ausrüstung*, https://doi.org/10.1007/978-3-031-76884-2_8

Hochspannungstests

Hochspannungstests helfen, die Verschlechterung der Motorwicklungsisolierung zu erkennen. Der Test beinhaltet das Anlegen einer hohen Gleichspannung an die Statorwicklungen in abgestuften Schritten, um die Spannung zu bestimmen, bei der eine Nichtlinearität im Teststrom oder ein Abfall des Isolationswiderstands auftritt. Wenn die Isolierung einer bestimmten Spannung standhält, gilt sie als sicher und der Motor kann wieder in Betrieb genommen werden. Auch das Verfolgen der Spannung, bei der der Strom nicht linear wird oder der Widerstand abfällt, kann verwendet werden, um die verbleibende Lebensdauer des Motors vorherzusagen. Diese Technik kann bei Wechselstrom- und Gleichstrommotoren angewendet werden.

- Typisches P–F-Intervall: Monate bis Jahre
- Qualifikationsniveau: erfahrener Elektrotechniker

Ein Vorteil dieser Technik besteht darin, dass die Testergebnisse normalerweise mit Vergleichstests übereinstimmen. Zu den Nachteilen dieser Technik zählen:

(1) Motoren müssen für Tests offline sein.
(2) Die Testspannung ist zerstörerisch für Motorteile.
(3) Der Test ist sehr belastend für den Motor.
(4) Testgeräte sind extrem teuer.

Stoßspannungsprüfung

Die Stoßspannungsprüfung hilft, Isolationsfehler in Induktions-/Synchronmotoren, Gleichstromankern, Synchronfeldpolen und verschiedenen Spulen oder Spulengruppen zu identifizieren. Bei dieser Technik wird ein hochfrequenter transienter Stoß an zwei separaten, aber gleichen Teilen einer Wicklung angelegt, die resultierenden reflektierten Wellenformen werden dann auf einem Oszilloskop verglichen. Normalerweise gilt die Wicklung als gut, wenn bei doppelter Betriebsspannung plus 1000 V keine Probleme festgestellt werden.

- Typisches P–F-Intervall: Wochen bis Monate
- Qualifikationsniveau: ausgebildeter und erfahrener Testoperator

Ein Vorteil dieser Technik besteht darin, dass der Test transportabel ist. Zu den Nachteilen dieser Technik zählen:

(1) Der Test ist komplex und teuer.
(2) Sorgfältige Wiederholung ist erforderlich, um den Ort oder die Schwere eines Fehlers zu bestimmen.

Leistungsanalyse

Die Leistungsanalyse kann verwendet werden, um Motorprobleme wie gebrochene Rotorstangen, gebrochene/gerissene Endringe, Durchfluss- oder Maschinenleistungseinschränkungen und Maschinenfehlstellungen zu erkennen. Diese Online-Technik beinhaltet die Überwachung des Stromflusses in einer der Stromleitungen am Motorsteuerzentrum oder Starter. Die im Test identifizierten elektrischen Stromvariationen zeigen sich ändernde Betriebsbedingungen der Maschine an und können im Laufe der Zeit verfolgt werden. Auch können Netzfrequenzen mit Motorfrequenzen verglichen werden, um verschiedene Motorfehler zu erkennen. Diese Technik kann zur Analyse von Wechselstrom-Induktionsmotoren, Synchronmotoren, Kompressoren, Pumpen und motorbetriebenen Ventilen verwendet werden.

- Typisches P–F-Intervall: Wochen bis Monate
- Qualifikationsniveau: erfahrener Elektriker zum Anschließen der Testgeräte und erfahrener Techniker zur Durchführung der Analyse und Interpretation der Daten

Zu den Vorteilen dieser Technik gehören:

(1) Tests werden online durchgeführt.
(2) Testmessungen können aus der Ferne für große oder Hochgeschwindigkeitsmaschinen durchgeführt werden.

Zu den Nachteilen dieser Technik zählen:

(1) Ausrüstung ist teuer.
(2) Analyseergebnisse sind komplex und oft subjektiv.

Motorstromkreisanalyse

Eine Motorstromkreisanalyse hilft, ein vollständiges Bild der Motorbedingungen zu erhalten, indem eine Reihe von Tests durchgeführt wird. Der Test legt Spannung am Stromschienensystem des Motorsteuerzentrums an, um den Widerstand gegen Erde, den Stromkreiswiderstand, die Kapazität gegen Erde, die Induktivität, den Rotoreinfluss, den Gleichstrom-Bar-zu-Bar-Widerstand und den Polarisationsindex/die dielektrische Absorption zu messen. Die Ergebnisse können Änderungen im Leiterpfadwiderstand identifizieren, die durch lose oder korrodierte Verbindungen und den Verlust von Kupfer (Windungen) im Stator verursacht werden; Phasen-zu-Phasen-Induktivität, die durch magnetische Wechselwirkungen zwischen Stator und

Rotor verursacht wird; Statorinduktivität, die durch die Rotorposition, Rotorporosität und Exzentrizität, Statorwindungen, Spulen- und Phasenkurzschlüsse beeinflusst wird; Wicklungsreinheit/Widerstand gegen Erde. Diese Technik kann zur Analyse von Elektromotoren (d. h. Gleichstrom-, Wechselstrom-Induktions-, Synchron- und Schleifringläufermotoren) verwendet werden.

- Typisches P–F-Intervall: Wochen bis Monate
- Fachkenntnis: erfahrene Elektrotechniker zur Durchführung des Tests

Zu den Vorteilen dieser Technik gehören:

(1) Der Test ist niederohmig und zerstörungsfrei.
(2) Tests können im Motorsteuerzentrum durchgeführt werden, was keine Demontage des Motors erfordert.

Zu den Nachteilen dieser Technik zählen:

(1) Der Test kann nicht online durchgeführt werden.
(2) Die Durchführung des Tests an Bord ist teuer.

Batterieimpedanzprüfung

Die Batterieimpedanzprüfung hilft, die Verschlechterung der Batteriezellen zu erkennen. Der Test beinhaltet das Einspeisen eines Wechselstromsignals zwischen die Batteriepolen und das Messen der resultierenden Spannung. Die Batterieimpedanz wird dann berechnet und mit (1) dem letzten Test der Batterie und (2) der Impedanz anderer Batterien in derselben Batteriebank verglichen. Wenn die Vergleichsergebnisse außerhalb eines bestimmten Prozentsatzes liegen, könnte dies auf ein Zellproblem oder einen Kapazitätsverlust hinweisen.

- Typisches P–F-Intervall: Wochen
- Fachkenntnis: erfahrene Elektrotechniker zur Durchführung des Tests

Der eine große Vorteil dieser Technik ist, dass der Test online durchgeführt werden kann. Der eine große Nachteil dieser Technik besteht darin, dass die Tests bei großen Batterien langwierig sind.

Kapitel 9
Beobachtung und Überwachung

Beobachtungs- und Überwachungstechniken zur Zustandsüberwachung (d. h. visuelle, akustische und taktile Inspektionen) basieren auf menschlichen Sinnesfähigkeiten. Sie können als Ergänzung zu anderen Zustandsüberwachungstechniken dienen. Der Einsatz menschlicher Sinnestechniken hilft, Probleme wie lose/abgenutzte Teile, undichte Geräte, schlechte elektrische/Rohrverbindungen, Dampflecks, Lecks an Druckentlastungsventilen und Änderungen der Oberflächenrauheit zu erkennen. Oft können die ersten Anzeichen von Fehlern und Problemen durch Sehen, Riechen und Tasten identifiziert werden. Darüber hinaus können menschliche Sinnestechniken als sekundäre Bestätigung herangezogen werden.

Beobachtungs- und Überwachungstechniken

Visuelle Inspektion

Visuelle Inspektionspraktiken sind die ältesten und am häufigsten angewandten Korrekturwartungstechniken in der Schifffahrtsindustrie. Menschliche Beobachtung hilft, eine Vielzahl potenzieller Probleme zu identifizieren, einschließlich loser oder abgenutzter Teile; Lecks von Schmierölen, Hydraulikflüssigkeiten und Prozessflüssigkeiten; fehlender Teile; schlechte elektrische oder Rohrleitungsanschlüsse usw. Inspektionsstandards sind leicht zu etablieren und dem zuständigen Personal zu kommunizieren. Im Wesentlichen können alle Maschinen und Geräte in der maritimen (und Offshore/Onshore-) Umgebung mit dieser Technik überwacht werden. Auch auf menschlichen Sinnen basierende Inspektionen können die Ergebnisse anderer Korrekturwartungstechniken überprüfen. Leser können in Kap. 7 eine Beschreibung der visuellen Inspektionen mit einem Endoskop finden..

A. A. Olsen, *Zustandsüberwachung und Instandhaltungstechniken maritimer Ausrüstung*, https://doi.org/10.1007/978-3-031-76884-2_9

- Typisches P–F-Intervall: variiert stark
- Qualifikationsniveau: ausgebildete halbqualifizierte Arbeiter

Ein Vorteil dieser Technik besteht darin, dass die Vielseitigkeit der menschlichen Beobachtung in Kombination mit Erfahrung eine extrem breite Palette von Problemtypen identifizieren kann. Ein Nachteil dieser Technik ist, dass, wenn Inspektionen nicht geplant und aufgezeichnet werden, Beobachter so vertraut mit ihrer Umgebung werden können, dass Änderungen von Interesse unbemerkt bleiben.

Akustische Inspektionen

Akustische Inspektionspraktiken sind gängige Korrekturwartungstechniken in der Schifffahrtsindustrie. Die Überwachung von Maschinen und Geräten durch Zuhören beim Betrieb hilft, eine Vielzahl potenzieller Probleme zu identifizieren, einschließlich abgenutzter Lager mit hoher Reibung, Dampflecks, Lecks oder Entladungen an Druckentlastungsventilen, Kupplungslecks, übermäßige Belastung von Pumpen, schlechte mechanische Ausrichtung von Geräten usw. Menschen sind besonders empfindlich gegenüber neuen oder veränderten Geräuschen und können leicht dazu angeleitet werden, ungewöhnliche Geräusche zu melden und zu untersuchen. Diese Technik ist oft eine ergänzende Inspektion zu visuellen Inspektionen. Die Inspektion kann durch den Einsatz von Richtmikrofonen verbessert werden. Auch auf menschlichen Sinnen basierende Inspektionen können die Ergebnisse anderer Korrekturwartungstechniken überprüfen.

- Typisches P–F-Intervall: variiert stark
- Qualifikationsniveau: ausgebildete halbqualifizierte Arbeiter

Ein Vorteil dieser Technik ist, dass die Vielseitigkeit des menschlichen Gehörs in Kombination mit Erfahrung eine extrem breite Palette von Problemgeräuschen identifizieren kann. Zu den Nachteilen dieser Technik zählen:

(1) Die Inspektionen müssen so zugewiesen werden, dass die Inspektoren genügend Erfahrung sammeln, um neue oder veränderte Geräusche erkennen zu können.
(2) In lauten Umgebungen können akustische Inspektionen schwierig oder unmöglich durchzuführen sein.

Taktile Inspektionen

Die Verwendung von Tastsinn als Inspektionstechnik kann äußerst nützlich sein. Wärme, Skalierung und Rauheitsänderungen können alle durch Tasten erkannt werden. Der menschliche Tastsinn ist äußerst empfindlich und in der Lage, Oberflächenunterschiede zu unterscheiden, die mit dem Auge nicht erkennbar sind. Diese Technik ist oft eine ergänzende Inspektion zu visuellen Inspektionen. Auch auf menschlichen Sinnen basierende Inspektionen können die Ergebnisse anderer Korrekturwartungstechniken überprüfen.

- Typisches P–F-Intervall: variiert stark
- Qualifikationsniveau: ausgebildete halbqualifizierte Arbeiter

Ein Vorteil dieser Technik ist, dass Hände und Finger äußerst empfindlich auf Oberflächenbeschaffenheit und Wärme reagieren. Ein Nachteil dieser Technik besteht darin, dass die Inspektoren sich verbrennen können, wenn sie heiße Objekte berühren, und verletzt oder geschockt werden können, wenn sie in Betrieb befindliche Geräte berühren.

Prozessvariablen- und Leistungstrending

Die Überwachung von Prozessvariablen und der Leistung von Geräten und Systemen ist eine Zustandsüberwachungstechnik, die Probleme vorhersagt, indem Änderungen in einer Kombination dieser Variablen wie Druck, Temperatur, Durchflussrate, Stromverbrauch, Kraftstoffverbrauch und Leistungsproduktion oder Kapazität von Geräten/Systemen überwacht werden. Durch die Erfassung der mit dem Betrieb, der Nichtverfügbarkeit und der Wartung verbundenen Zeit sowie der Kosten für Arbeit für Betrieb, Wartung, Reparatur und Beschaffung und Lagerung von Ersatzteilen für die Geräte und Systeme können zusätzliche Leistungskennzahlen bewertet und Trends ermittelt werden. Diese Daten können verwendet werden, um zusätzliche Aspekte der Leistung zu bewerten, wie z. B. spezifischen Kraftstoffverbrauch, mechanische oder thermische Effizienz der Zielgeräte, Verfügbarkeit der Geräte, Systemverfügbarkeit und Einnahmengenerierung sowie Kosten im Zusammenhang mit Wartung und Reparatur und Investitionen.

Datenerfassung

Die zu analysierenden und zu untersuchenden Informationen werden zunächst identifiziert, wobei die entsprechenden Variablen anschließend identifiziert werden.

Ein Beispiel im Zusammenhang mit der Zustandsüberwachung ist die Schätzung der verbleibenden Zeit bis zum Ausfall einer Komponente basierend auf der Extrapolation der Zustandsüberwachungsvariablen über die Zeit. Die Extrapolation wird als mathematische Funktion modelliert, die aufgrund früherer Erfahrungen oder durch Anwendung einer geeigneten Regressionsanalysemethode ausgewählt wird. Ein weiteres Beispiel ist eine relative Rangfolgenanalyse, die für diejenigen Elemente entwickelt werden kann, die die höchsten Betriebskosten oder Kostenbelastungen für ein System haben. Eine Reihe von Messparametern kann bei der Entwicklung dieser Rangfolge berücksichtigt werden, darunter:

- Wartungsstunden
- Wartungsstunden pro Betriebsstunde
- Ausfallzeit der Geräte
- Wartungsaktionen pro Betriebsstunde
- Kosten für Produktionsausfall
- Reparaturkosten
- Oben aufgeführte Messparameter im Zusammenhang mit ungeplanter Wartung (Notfallwartung)

Die Identifizierung der größten Beitragszahler erfordert detaillierte Datenanalysen und Kommunikation mit Betreibern und Wartungspersonal. Diese Analyse beschränkt sich darauf, nur die am schlechtesten abschneidenden Elemente zu identifizieren und nicht diejenigen, die sich im Prozess der Verschlechterung befinden. Einige Elemente können aufgrund ihrer Natur und Nutzung ganz oben auf der Liste erscheinen. Weitere Analysen dieser Elemente können sich als vorteilhaft erweisen, indem andere Analysetechniken angewendet werden. Die zu erfassenden Daten hängen von den Systemattributen ab, die gemessen und in Trends dargestellt werden sollen. Einige Organisationen möchten zunächst alle produzierten Daten auswerten, aber diese Bemühungen überfordern schnell die Prüfer, sodass sie kein sinnvollen Informationen in Trends darstellen können.

Leistungstechniken

Leistungstrending

Leistungstrending als Technik der korrektiven Wartung umfasst das Sammeln und Analysieren von Daten zu einigen oder allen in diesem Kapitel aufgeführten Variablen für das betreffende Gerät/System. Daten werden oft vom Betriebspersonal aus anderen Gründen (z. B. Energiemanagement, Effektivität des Wartungsprogramms) gesammelt und können bereits zur Analyse verfügbar sein. Leistungstrenddaten werden oft mit anderen Testergebnissen kombiniert, um die Identifizierung von Problemen zu bestätigen (z. B. Geräteverschlechterung, Leistungsverschlechterung). Die Überwachung der Leistungsindikatoren über einen langen Zeitraum kann Hinweise auf unsachgemäße Wartung oder schlechte Betriebspraktiken liefern. Praktisch alle industriellen Maschinen können auf diese Weise überwacht werden. Ziele für die Datenerfassung umfassen Diesel- und Benzinmotoren, Pumpen, Motoren, Kompressoren usw. Testdaten können auch zur Optimierung der Leistung verwendet werden. Darüber hinaus verfügen die meisten Computersteuergeräte (z. B. verteilte Steuerungssysteme, programmierbare Logiksteuerungen) über Datenanalyse- und Alarmierungsfunktionen, die zur Trendüberwachung der Geräteleistung verwendet werden können.

- Typisches P–F-Intervall: variiert stark (stündlich, täglich, wöchentlich bis monatlich)
- Qualifikationsniveau: ausgebildete halbqualifizierte Arbeiter

Ein Vorteil dieser Technik besteht darin, dass die Daten oft bereits gesammelt werden. Ein Nachteil dieser Technik ist, dass Basisdaten möglicherweise nicht existieren, was längere Zeiträume zur Entwicklung von Trends erfordert.

Kapitel 10
Überwachung der Motor- und Systemleistung

Verschiedene Dieselmotorenhersteller und Drittanbieter bieten Motorüberwachungs- und Hilfssystemüberwachungsdienste an, die proprietäre Instrumentierung und Diagnosesoftware nutzen. Als Reaktion darauf hat eine Reihe von Schiffseignern und -betreibern ähnliche Überwachungsprogramme für ihre Flotten entwickelt. Die gemeinsamen Ziele dieser Überwachungsprogramme sind:

- Die Motorleistung zu optimieren, um die Kraftstoffeffizienz, die Emissionen oder beides zu verbessern
- Die Ausrüstung zu überholen, wenn die Komponenten vor einem Ausfall ersetzt werden müssen
- Die Verfügbarkeit von Dieselmotoren oder Systemen zu verbessern, indem geplante und ungeplante Ausfallzeiten reduziert werden
- Die Lagerung von Ersatzteilen zu optimieren

Die Komplexität von Leistungsüberwachungs- und Diagnoseprogrammen kann in einen einfachen standardisierten Prozess für Datenerfassungs- und Berichterstattungsprozesse überführt werden. Diese Lösung erleichtert die automatisierte Datenerfassung und die Analyse, die erforderlich ist, um den Anforderungen sowohl effizienter Betriebsabläufe als auch der Systemüberwachung gerecht zu werden. Ein vereinfachter Prozess ist in Abb. 10.1 dargestellt. Der Aufwand für die direkte Sensordatenerfassung, die Analyse der Daten zur Erstellung von Informationen und die anschließende Übertragung dieser Informationen in umsetzbare Erkenntnisse auf Schiffs- und Flottenebene erfordert einen neuen Datenmanagementprozess. Die kombinierte Lösung definiert diese Schritte und schafft eine Möglichkeit, den neu definierten Prozess zu verwalten. Durch die Identifizierung und das Verständnis der wichtigsten Standards und Implementierungsdetails kann der Prozess der Integration von Schiffssystemen und der Nutzung solcher Daten zur Verbesserung der Systemverfügbarkeit besser erklärt werden.

A. A. Olsen, *Zustandsüberwachung und Instandhaltungstechniken maritimer Ausrüstung*, https://doi.org/10.1007/978-3-031-76884-2_10

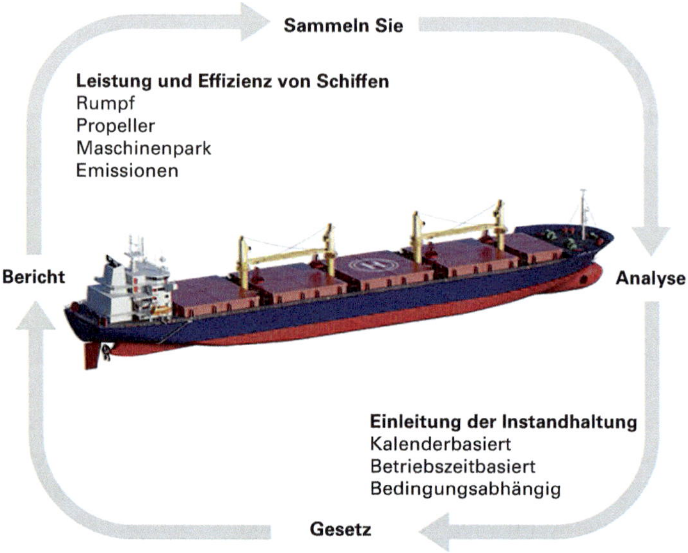

Abb. 10.1 Vereinfachter Prozess zur Überwachung der Motor- und Systemleistung

Datenerfassung und -übertragung

Schiffsdaten

Die Informationstechnologie- und Kommunikationsarchitektur des Schiffes ermöglicht die Steuerung und Überwachung der Betriebsparameter des Schiffes durch die Integration der verschiedenen Technologien unter den verschiedenen Systemkomponenten. Es gibt mehrere offene Betriebs- und Wartungsinformationssystemprotokolle zur Standardisierung des Datentransfers und -formats für die Kommunikation zwischen Geräten für die Sensoren, Steuerungen, Datenmanipulation und -bewertung. Die wichtigsten Standards und Implementierungsdetails, die im Schiffsdatenmanagement verwendet werden, werden im Rahmen der Nutzung solcher Daten für sekundäre oder nächste Zwecke identifiziert. Dementsprechend identifiziert ISO 13374 die Funktionsblöcke, die die Datenerfassung und -verarbeitung für zustands- und leistungsbasierte Wartungsanwendungen gestalten. Diese Norm bezieht sich auf die direkte Erfassung von Betriebsdaten. Sobald die Daten im vorgeschriebenen Prozess erfasst wurden, können sie die Infrastruktur zur Unterstützung betrieblicher Entscheidungen speisen. Die in Abb. 10.2 identifizierten niedrigstufigen Funktionsblöcke werden als Bausteine für die Identifizierung und Erfassung von Betriebsszenarien verwendet.

Der erste Baustein bei der Datenerfassung besteht aus den Sensoren und Wandlern, die mit den physischen Systemen von Interesse verbunden sind. Die analogen

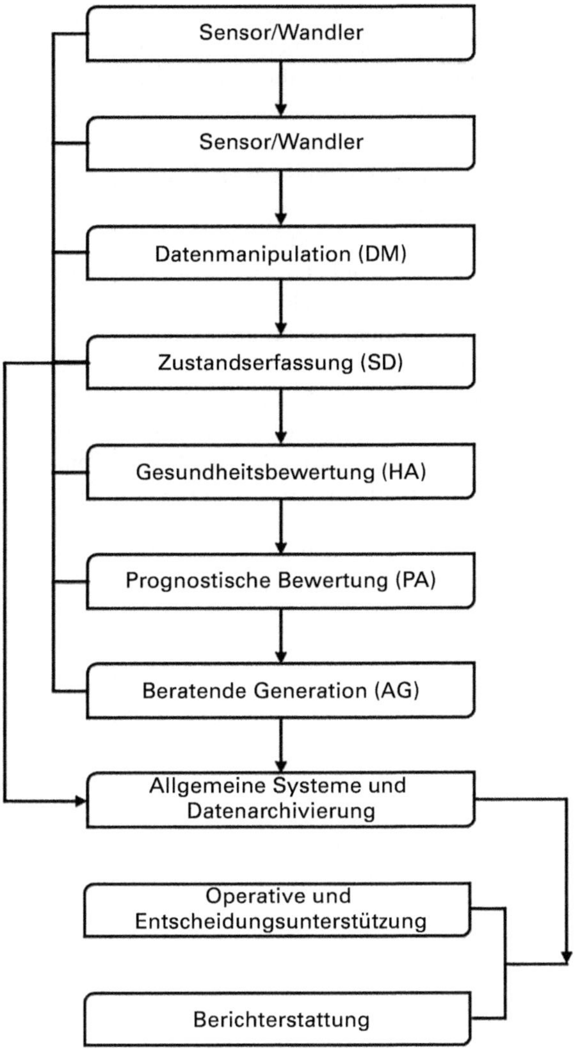

Abb. 10.2 ISO 13374 Funktionsblöcke

und digitalen Signale dieser Sensoren werden an ein physisches Ein-/Ausgabegerät (I/O) übertragen, das analoge Signale in digitale Werte umwandelt oder digitale Werte direkt von den Sensoren für die Verwendung auf einem seriellen Datenbus empfängt. Einzelne I/O-Geräte sind an ein I/O-Modul angeschlossen, das viele I/O-Geräte enthält. Die I/O-Module sind normalerweise in einen einzigen seriellen Datenbus integriert, der eine von vielen Standardtechnologien für die Prozessautomatisierung verwendet. Zu den typischen Implementierungen im maritimen Bereich gehören serielle RS232/485-Datenschnittstellen oder Glasfaserkabel und Hubs. Jedes der I/O-Module ist physisch in einem Ringbus mit eindeutigen IDs verdrahtet, um den Datentransfer zu/von jedem Modul zu ermöglichen. Das

Drahtprotokoll und die verwendeten Nachrichten werden vom Originalgerätehersteller (OEM) der Steuerungssysteme (Automatisierung, Steuerung und Überwachung) bestimmt. Es gibt mehrere Prozessprotokolle, die die auf dem seriellen Bus übertragenen Nachrichten beschreiben, einschließlich MODBUS, CANbus und PROFIBUS. Kurz gesagt, bietet der serielle Bus eines Schiffes somit den Datenpfad zwischen physischen Sensoren und den Hardware-/Softwareschnittstellen, um die automatisierte Datenerfassung zu ermöglichen. Allerdings sind nicht alle Prozessautomatisierungstechnologien und -protokolle miteinander kompatibel. Einige Hersteller verwenden proprietäre Lösungen. Für diese Fälle gibt es Hardware- und Softwarelösungen, die verschiedene Gerätetypen und Protokolle überbrücken können, um zu ermöglichen, dass verschiedene OEM-gelieferte Geräte auf einem gemeinsamen Bus kommunizieren.

Um netzwerkfähige Geräte mit Daten vom seriellen Datenbus zu verbinden, müssen die Daten in ein höheres Ethernetprotokoll umgewandelt werden, um die seriellen Datenprotokolle zu überbrücken. Durch diese Brücke werden die Daten in ein standardisiertes Ethernetprotokoll umgewandelt, um Daten auf Anfrage zu empfangen oder zu senden oder im gesamten Netzwerk zu übertragen, damit sie von externen Softwareanwendungen von Drittanbietern gelesen werden können. Etablierte Protokolle zur Automatisierung von seriellen Datenprozessen haben einen zugehörigen Ethernetstandard. MODBUS RTU-Geräte können leicht in MODBUS TCP- und CANbus-Geräte in CAN-Open-Netzwerke umgewandelt werden. Standard-TCP/IP-Netzwerkgeräte und -software, die daran interessiert sind, Daten zu empfangen oder zu kommunizieren, können Schnittstellen zu den Netzwerkprotokollen und Datenquellen bereitstellen. In diesem Szenario sind Software und Überwachungsanwendungen der nächsten Generation oder zusammenfassende Software erforderlich, um mit mehreren Protokollen zu kommunizieren und die erforderlichen Daten zu empfangen. Dies kann eine Verschiebung dieser Anwendungen von ihrem primären Ziel der Datenmanipulation und (Maschinen-)Zustandserkennung erfordern. Eine offene Schnittstellenspezifikation ist erforderlich, um die Interoperabilität zwischen verschiedenen Geräten, Netzwerkprotokollen, Datenmanipulation und (Maschinen-)Zustandserkennungsanwendungen zu ermöglichen. Eine derzeitige Lösung zur Überlegung ist OPC Data Acquisition (DA), eine Spezifikation zur Bereitstellung von Echtzeit-Datenstreaming. Die OPC Foundation ist eine Organisation, die offene Interoperabilitätsstandards entwickelt. Die Technologie basiert auf der Microsoft Windows® COM/DCOM-Spezifikation und ermöglicht die Verwendung von Standard-PC-Technologie zur Datenüberwachung und -analyse. Die neuesten Fortschritte in diesem Standard umfassen die OPC Unified Architecture (UA), die plattformübergreifende Protokolle für Binärdaten und Webdienstschnittstellen adressiert. Die Verwendung der OPC-Standards ermöglicht es Hardware-Prozessautomatisierungsanbietern und höherwertigen Softwareanwendungen, Daten in einem Standardprotokoll auszutauschen.

Nachdem die Daten vom Sensor zur Zusammenfassungssoftware überführt wurden, müssen die Daten bearbeitet und zusätzliche Berechnungsanalysen durchgeführt werden. Unterstützende Sensordaten aus dem Funktionsdatenblock der Datenerfassung (siehe Abb. 10.2) werden für diese Berechnungen verwendet. Zum Beispiel können Eingangs- und Ausgangsdrücke einer Pumpe, die vom OPC-Server bereitgestellt werden, verarbeitet werden, um einen durchschnittlichen Differenzdruck zu bestimmen, der verwendet werden kann, um bestimmte physische Ereignisse wie eine Wartungsaufgabe auszulösen oder einfach zusätzliche Datenanalysen durchzuführen. Der nächste Schritt im Prozess ist die Zustandsdetektion. Die Hauptfunktion der Zustandsdetektionssoftware besteht darin, die verfügbaren Daten aus den Funktionsblöcken der Datenerfassung und Datenmanipulation zu nutzen, um den Betriebszustand von Geräten zu bestimmen, die innerhalb der Grenzbedingungen arbeiten.

Erfassung von Schiffsdaten

Die begrenzende Variable für die automatisierte Datenerfassung ist das Ausmaß der installierten Sensoren zur Steuerung und Überwachung. Die Ziele für die Analyse und Nutzung der Daten müssen zunächst identifiziert werden, gefolgt von der Identifizierung der Sensordaten, die erforderlich sind, um diese Ziele zu erreichen. Die identifizierten Daten können manuell gesammelte Daten neben den automatisierten Daten umfassen. Die Daten werden mit ihrer Erfassungszeit (z. B. Zeitstempel) verknüpft und im Datenhistoriker für Trendanalysen und zukünftige Analysen nach Bedarf gespeichert.

Analyse- und Qualifikationssoftware

Analyse- und Qualifikationssoftware konzentriert sich auf die Datenmanipulation und Zustandsdetektion der Funktionsblöcke. Es gibt mehrere Quellen für Datenerfassungssoftware, die Sensordaten von einem Server in einem Netzwerk lesen. Diese Software nutzt eine konfigurierbare Logik, um eine Ingenieurwissensbasis zu implementieren. Die Wissensbasis wird verwendet, um Tags zuzuordnen und Berechnungen, Ereignisdefinitionen und Regeln zu definieren. Sensordaten können verwendet werden, um virtuelle Tag-Werte in zusätzlichen Ereignisbestimmungen zu generieren. Die Betriebssensordaten des Schiffs und die virtuellen Datenberechnungen werden in Echtzeit verarbeitet und analysiert, um festzustellen, ob konfigurierte Ereigniszustände ausgelöst werden, um die Datenerfassung zu ermöglichen. Die Qualifikation der Daten durch die Wissensbasis verhindert, dass übermäßige Mengen an Daten, die nicht den definierten Regeln entsprechen, gesammelt werden. Dies reduziert den Speicherbedarf, während relevante Daten zur Überprüfung erhalten bleiben. Sobald „qualifizierte" Daten gesammelt wurden, können Trendermittlungen und Analysen beginnen.

Zustandsentwicklung

Die Identifizierung spezifischer Ausfallmodi eines Motors oder Systems erfordert stabile und qualifizierte Betriebsdaten. Daher wird empfohlen, nur Daten zu verwenden, die während des Volllastbetriebs gesammelt wurden, um die Fehlermodusanalyse durchzuführen. Die Software überwacht die Daten vom Server, um festzustellen, wann bestimmte Parameter wie Motordrehzahl und Lastwerte vordefinierte Parameter erfüllen. Wenn die Bedingungen erfüllt sind, werden diese Werte und zugehörige Datenpunkte periodisch protokolliert, solange die Betriebsbedingungen zutreffen. Zusätzliche Regeln werden dann nur auf die während des zuvor definierten Betriebszustands gesammelten Daten angewendet, um potenzielle Ausfallmodi zu identifizieren. Ohne automatisierte Datenerfassung würden Daten manuell gesammelt oder aus der Datenbank extrahiert und analysiert, um die gesammelten Daten zu extrahieren, die den vordefinierten Parametern entsprechen. Für die Langzeitanalyse eines Dieselmotors im Betrieb müssen möglicherweise Daten erfasst werden, wenn der Motor mit einer oder mehreren Lastkonfigurationen läuft. Wie zuvor beschrieben, können die Echtzeitdaten von der OPC-Datenschnittstelle überwacht werden, um festzustellen, wann bestimmte Parameter wie Motordrehzahl und Lastwerte vordefinierte Parameter erfüllen. Dies bietet einen standardisierten und überprüfbaren Datensatz für alle Dieselmotoren auf einem Schiff, die innerhalb definierter Betriebsbereiche arbeiten. Sobald die qualifizierten Daten gesammelt und gespeichert sind, kann eine zweite oder dritte Regelebene programmiert werden, die ausgeführt wird. Diese Regeln können Analysen umfassen, die länger dauern können als die Regeln zur Echtzeitdatenerfassung. In dieser Phase können Daten, die für die Energie- und Umweltleistung relevant sind, weiter analysiert werden.

Manchmal werden transiente Analysen für unerwartete Ereignisse durchgeführt, die sofort oder in kurzer Zeit zu einem vollständigen Systemausfall führen. Die ausgewählten Sensoren und Überwachungsgeräte müssen geeignet sein, um Transienten zu messen und die Daten zur Analyse nach dem Ereignis aufzuzeichnen. Mögliche Ursachen für diese Ereignisse sind unzureichend konstruierte Komponenten oder Teilsysteme, unbekannte Komponentenfehler, fehlerhafte Logik im Steuerungssystem oder Betrieb außerhalb vordefinierter Parameter.

Von der Kunden- zur Flottenmanagement-Software

Mit den Tools für Flotten- und Wartungsmanagement können Benutzer Daten zu Ereignissen aufzeichnen, die während des Betriebs auftreten. Basierend auf den Betriebsbedingungen und den relevanten Datenanforderungen geben Benutzer Informationen in anpassbare Datenformulare ein. Daten werden periodisch von Schiffen im Büro an Land empfangen. Die für Berichte relevanten Daten werden analysiert und dann typischerweise in Berichten und Bordaufzeichnungsbüchern zusammengestellt. Die Erweiterung der Flottenmanagement-Software, um von Daten aus einem intelligenten Datenarchiv auszulesen, das mit dem automatisierten Datenbus des Schiffs kommuniziert, bietet die Möglichkeit, die Besatzung zu entlasten und die Datenintegrität zu verbessern. Sobald ein Kommunikationskanal zwischen den beiden Systemen eingerichtet ist, können Ereignisformulare automatisch aktualisiert werden. Das Erfassen genauer und qualifizierter Daten ist der Schlüssel für weitere statistische Analysen und Entscheidungsfindung durch das Personal an Land. Mit einem integrierten System können Benutzer an Bord den Archivspeicher nach Ereignisdaten anhand von Datums- und Zeitparametern abfragen. Die Anwendung sendet eine Anfrage an den Datenspeicher und erhält als Antwort Sensordaten. Diese werden dann durch einen Prozessor weiter verfeinert und aggregiert, wo anwendbar, und dann auf das/die relevante(n) Berichtsformular(e) für die Überprüfung durch den Endbenutzer angewendet. Eine eingebaute Warnfunktion unterstützt Benutzer, indem sie auf Unstimmigkeiten hinweist. Zum Beispiel wird ein Alarm ausgelöst, wenn der Sensor ausfällt oder für kurze Zeit unterbrochen wird. Optionale Metadaten können Benutzer darüber informieren, welcher Sensor nicht funktioniert. Der Betrieb bietet dann den Mechanismus zum Transport von Daten vom Schiff an Land für eine flottenweite Perspektive auf diese Daten.

Datenüberprüfung und -verwaltung

Mit dem etablierten Datenfluss vom Sensor zu einer Flottenmanagementlösung hat er die folgenden Schritte durchlaufen: Sensor-Bus-Qualifikation-Trend-Webdienst-Flottenmanagement. Alle Datenpunkte werden vor der Erfassung und Analyse qualifiziert. Solche Daten können in Trends dargestellt und ausgewertet werden und stehen sowohl dem Schiffs- als auch dem Landpersonal als Entscheidungspunkte für verbesserte Betriebs- und Wartungsmaßnahmen zur Verfügung. Beim Umgang mit Standort- und Betriebsdaten von Schiffen muss ein robuster Datensicherheitsmechanismus vorhanden sein. Dies wird noch wichtiger, da diese Informationen für Berichte an Drittparteien und Hafenstaatsbehörden verwendet werden. Autorisierungen ermöglichen es Benutzern, selektiv Änderungen an Daten vorzunehmen. Ein Prüfpfad darüber, was, wann und wer die Änderungen vorgenommen hat, muss aufrechterhalten werden. Datenübertragungen vom Schiff an Land erfordern branchenübliche Verschlüsselungen.

Leistungsüberwachung

Leistungsparameter

Zahlreiche Motorleistungsparameter werden durch eine Reihe von Sensoren vom Steuerungssystem des Motors überwacht, um eine präzise Kontrolle über die Hauptelemente des Motorbetriebs wie Kraftstoffeinspritzung und Emissionen zu

Tab. 10.1 Leistungsparameter

System	Überwachte Parameter
Betriebsparameter des Motors	Geschwindigkeit, Leistung, Drehrichtung
Kraftstoffölsystem	Drücke in verschiedenen Teilen des Systems, Temperatur, Viskosität, Leckage
Kühlwassersystem (Süßwasser und Seewasser)	Drücke, Temperaturen
Kolbenkühlparameter	Druck, Temperatur, Durchfluss
Zylinderfrischwasserkühlsystem	Druck, Temperatur, Durchfluss
Kraftstoffventilkühlmittel	Druck, Temperatur
Schmierölsystem	Drücke, Temperaturen, Durchfluss
Druckluftsystem	Drücke
Spülluftsystem	Drücke, Temperatur
Abgas	Temperaturen
Turboladerparameter	Schmieröltemperaturen, Drücke, Geschwindigkeit

ermöglichen. Im Folgenden sind diese Systeme zusammen mit einigen der überwachten Parameter für Kreuzkopfmotoren aufgeführt (Tab. 10.1).

Nur einige dieser Daten werden dem Bediener durch Messgeräte, Anzeigen oder Alarme angezeigt. Durch kontinuierliche Überwachung und Archivierung dieser Daten können Leistungsminderungstrends erkannt und Korrekturmaßnahmen ergriffen werden, um einen bevorstehenden Komponenten- oder Geräteausfall zu verhindern. Diese Daten können auch mit ähnlichen Motoren verglichen werden, die auf anderen Schiffen in der Flotte eines Betreibers eingesetzt werden.

Leistungsberichterstattung

Abhängig von den Zielen, die für das Motorleistungsüberwachungsprogramm festgelegt wurden, können die Berichte individuell gestaltet werden, um Folgendes anzuzeigen:

- Motorleistung im Vergleich zum Kraftstoffverbrauch, zu den Abgasemissionen oder beidem, mit dem Ziel einer optimierten Motorleistung
- Thermische Effizienz verschiedener Wärmerückgewinnungsanlagen, wie z. B. Economiser (Vorwärmer)
- Temperatur-/Drucktrends für verschiedene Systeme zur Identifizierung des Komponentenaustauschs und
- Früherkennung von Warnzeichen, wie z. B. steigende Lagertemperaturen, die auf ein bevorstehendes vorzeitiges Komponentenversagen hinweisen, um den Bediener zu warnen, Korrekturmaßnahmen zu ergreifen. Einige dieser Überwachungsprogramme umfassen Diagnosefunktionen, die den Ansatz der Fehlermöglichkeits- und Einflussanalyse (FMEA) nutzen.

Fernüberwachung

Motorleistungsdaten können gesammelt und zur weiteren Analyse an das Landbüro des Schiffsbetreibers oder an das Diagnosezentrum eines Dienstleisters übermittelt werden. Es können Warnungen an das Schiffsbesatzungspersonal ausgegeben werden, die proaktive Wartungsaufgaben empfehlen, um vorzeitige Komponenten-/Geräteausfälle zu vermeiden. Abb. 10.3 zeigt einen repräsentativen Prozess zur Übermittlung von Daten aus dem Maschinenraum eines Schiffes an Land. Im Beispiel werden die Betriebsdaten des Hauptmotors vom Motorsensormodul oder elektronischen Steuerungsmodul überwacht. Diese Daten können extrahiert und an einen separat installierten Datensammler und -analysator gesendet werden. Andere Datenquellen können Motoremissionsdaten, automatisch oder manuell gesammelte Zustandsüberwachungsdaten und Umweltdaten umfassen. Die Daten können auf Eignung analysiert, vorläufige Diagnosen durchgeführt und für die Satellitenübertragung an ein Dienstleistungsunternehmen oder das Landbüro des Schiffsbetreibers zur weiteren Analyse und Diagnose vorbereitet werden. Anschließend werden die analysierten Ergebnisse an den Chefingenieur des Schiffes zur Information und erforderlichen Maßnahmen zurückübermittelt. Die Daten eines Schiffes können mit Daten anderer Schiffe mit ähnlicher Ausrüstung verglichen werden, um Wartungsintervalle zu bestätigen und die Gesamtflottenleistung und Leistungstrends zu bestimmen..

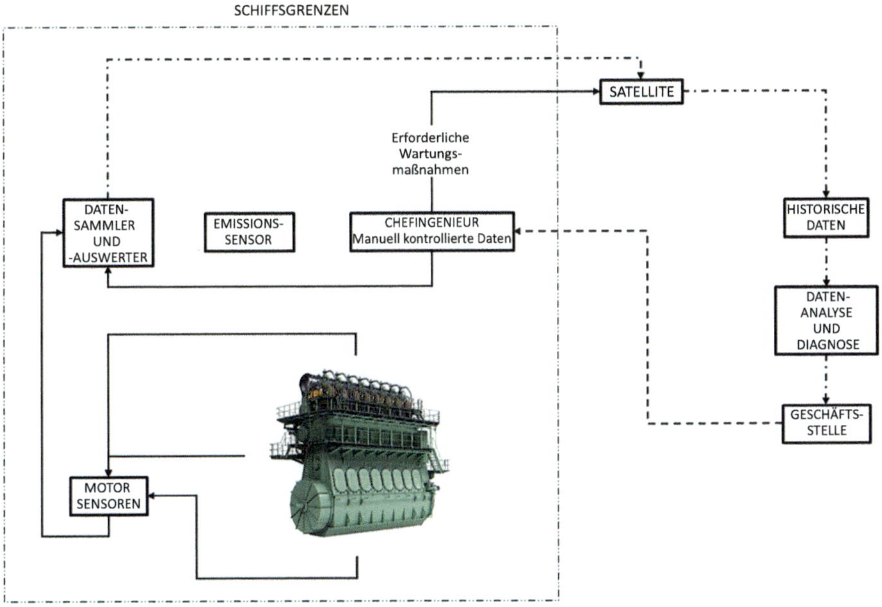

Abb. 10.3 Fernüberwachung und Datenübertragung

Zukünftige Trends

Die Trends für Schiffssysteme, die wichtige Leistungsdaten an das Verwaltungsbüro übermitteln, sind seit den 1980er-Jahren im Gange und werden weiterhin mehr Schiffe einbeziehen, da Schiffsmanagementunternehmen die Vorteile der Überwachung des Kraftstoffverbrauchs und des Maschinenstatus erkennen. In Bezug auf die Effizienz und Zuverlässigkeit von Maschinen gab es eine Reihe von Studien in der Fertigungsindustrie, um die Zuverlässigkeit und Verfügbarkeit von Maschinen unter Verwendung verschiedener mathematischer Modelle, die die Systemzuverlässigkeitstheorie anwenden, zu bewerten. Aus diesen Studien werden sekundäre und tertiäre Analysen durchgeführt, um die erwarteten Zeiten für die Durchführung von Wartungsarbeiten zu schätzen, um die Energieeffizienz des Schiffes zu verbessern und Maschinen zu reparieren. Diese Analysen basieren auf geeigneten statistischen Verteilungen, Bayes'schen und stochastischen Theorien, einschließlich ökonomischer Modelle, um Einnahmen zu maximieren und Kosten zu minimieren.

Kapitel 11
Bewertung neuer Techniken zur Zustandsüberwachung

Periodisch erhalten die meisten Klassifikationsgesellschaften Anfragen zur Überprüfung vorgeschlagener Zustandsüberwachungstechniken für Anwendungen, die darauf abzielen, Ausrüstungen und Maschinen in vorbeugende Wartungsprogramme oder auf Zuverlässigkeit basierende Wartungsprogramme aufzunehmen. Dieses Kapitel bietet Anleitungen für Anbieter und/oder Schiffseigner/-betreiber, die beabsichtigen, die Technik zu bewerten und die Ergebnisse der Bewertung dem zuständigen technischen Büro der Klasse zur Prüfung vorzulegen.

Anwendbarkeit der Technik

Damit die vorgeschlagene Zustandsüberwachungstechnik als anwendbar und effektiv angesehen werden kann, sollten die vorgeschlagenen Techniken sicherstellen, dass die folgenden Merkmale eingehalten werden:

(1) Der Beginn des Ausfalls ist erkennbar.
(2) Das P–F-Intervall ist einigermaßen konsistent.
(3) Es gibt ein praktisches Intervall, in dem Zustandsüberwachungsaufgaben durchgeführt werden können.
(4) Es gibt ausreichende Warnungen, sodass Korrekturmaßnahmen umgesetzt werden können.
(5) Es gibt eine Reduzierung der Ausfallwahrscheinlichkeit (und damit des Risikos) auf ein akzeptables Niveau.
(6) Die Technik ist kosteneffektiv.

Leser können in Kap. 3 detailliertere Erklärungen zu den einzelnen Merkmalen finden.

A. A. Olsen, *Zustandsüberwachung und Instandhaltungstechniken maritimer Ausrüstung*, https://doi.org/10.1007/978-3-031-76884-2_11

Konsistenz/Wiederholbarkeit der Messungen

Die Messergebnisse der vorgeschlagenen Zustandsüberwachungstechnik sollten mit Messungen am gleichen Gerät/System unter ähnlichen Betriebsbedingungen übereinstimmen. Die Ergebnisse sollten auch für Messungen, die über einen kurzen Zeitraum hinweg durchgeführt werden, wiederholbar sein. Die Kriterien zur Festlegung der Konsistenz- und Wiederholbarkeitsergebnisse sind vor der Überprüfung mit der Klasse zu besprechen.

Gesetzliche Vorschriften

Einige Flaggenstaatenverwaltungen haben Vorschriften, die die Inspektion bestimmter Ausrüstungen (z. B. Sicherheitsventile an Kesseln) in bestimmten Intervallen unabhängig vom Zustand der Ausrüstung vorschreiben. In diesen Fällen kann die Klasse die Anwendung der Zustandsüberwachungstechnik zulassen, jedoch kann die Ausrüstung weiterhin gemäß den Vorschriften der Flaggenstaatenverwaltung inspiziert werden müssen.

Kosteneffektivität

Die Kosteneffektivität der Zustandsüberwachungstechnik ist oft entscheidend für die Entscheidung des Schiffseigners/-betreibers, die vorgeschlagene(n) Technik(en) zu implementieren. Zu diesem Zweck bietet Tab. 11.1 ein zusammenfassendes Verfahren zur Bewertung der Kosteneffektivität vorgeschlagener Zustandsüberwachungsaufgaben.

Tab. 11.1 Bewertung der Kosteneffektivität einer Zustandsüberwachungstechnik

Seriennummer	Betreff	Beschreibung/Anweisung	Wert	Ergebnisse
1	Überwachter Zustand	Geben Sie den überwachten Zustand und den Ausfallmodus an, der verhindert werden soll		NA
2	Relative Effektivität	Beim Vergleich von zwei oder mehr Techniken kann hier ein Vergleichsfaktor aufgeführt werden Beispielsweise weisen Sie einen Buchstaben oder eine Zahl zu, um die Benutzerfreundlichkeit, die Genauigkeit der Ergebnisse usw. zu beschreiben		NA
3	P–F-Intervall (Tage, Wochen, Monate)	Geben Sie das geschätzte oder tatsächliche P–F-Intervall an Wenn das Gerät/System kein konsistentes P–F-Intervall hat, ist die Zustandsüberwachung nicht anwendbar		CM anwendbar? J/N
4	Geschätzte Gesamtanzahl der Geräte, auf die die Technik anwendbar ist	Geben Sie die Gesamtanzahl der Geräte an, auf die diese Technik angewendet werden kann		
5	Erforderliche Testausrüstung/ Software/Einrichtungen	Listen Sie alle erforderlichen Ausrüstungen und Software auf, die notwendig sind, um die Technik anzuwenden Listen Sie auch alle speziellen Modifikationen an der Ausrüstung und dem Schiff auf, um diese Technik zu integrieren		
6	Kapitalaufwand für Ausrüstung/ Software/Einrichtungen	Für jeden Punkt in Zeile 5 geben Sie die zugehörigen Kosten an		Gesamt ($)
7	Erwartete Lebensdauer der Ausrüstung bei normalem Schiffsbetrieb (Jahre)	Für jeden Punkt in Zeile 5 geben Sie die erwartete Lebensdauer an		NA
8	Abschreibung (jährlich linear)	Für jeden in Zeile 5 aufgeführten Punkt teilen Sie die zugehörigen Kapitalkosten in Zeile 6 durch die entsprechende erwartete Lebensdauer in Zeile 7		Summe der Abschreibungen ($/Jahr)
9	Erforderliches Schiffspersonal	Geben Sie die Anzahl der erforderlichen Personen an, wenn Schiffspersonal eingesetzt wird		

(Fortsetzung)

Tab. 11.1 (Fortsetzung)

Seriennummer	Betreff	Beschreibung/Anweisung	Wert	Ergebnisse
10	Stundensatz	Geben Sie den Stundensatz des Schiffspersonals an		
11	Jährliche Ausbildungskosten	Geben Sie die Ausbildungskosten an, wenn Schiffspersonal eingesetzt wird		Summe der Ausbildungskosten ($/Jahr)
12	Ausrüstungskalibrierung/ Wartung/ Schadenszulage	Schätzen Sie die jährlichen Kalibrierungskosten der Ausrüstung Wenn das Kalibrierungsintervall länger als ein Jahr ist, teilen Sie die Kosten durch das Intervall, um die jährlichen Kosten zu erhalten Wartungs-/Schadenszulage kann als 3–5 % der Kapitalkosten in Zeile 6 geschätzt werden		Summe der Wartungskosten ($/Jahr)
13	Technikfrequenz (Mal pro Jahr)	Geben Sie die Anzahl der Anwendungen der CM-Technik an		NA
14	Durchschnittliche Datenerfassungszeit (Stunden)	Schätzen Sie die Zeit zur Datenerfassung für eine Ausrüstung/ein System Beziehen Sie alle mit der Erfassung verbundenen Zeiten ein (d. h. Aufbau, Abbau, Auswertung)		NA
15	Schiffsbetriebsstunden (Mannstunden)	Multiplizieren Sie Zeile 14 mit der Anzahl der Personen in Zeile 9		NA
16	Jährliche Arbeitskosten für die Datenerfassung	Multiplizieren Sie die Frequenz in Zeile 13 mit Zeile 15		Summe der jährlichen Arbeitskosten ($/Jahr)
17	Laufende externe Unterstützung/ Diagnosedienste	Wenn ein externer Dienst genutzt wird, geben Sie die jährlichen Kosten an		Jährliche Kosten ($/Jahr)
18	Erforderliches Servicepersonal	Geben Sie die Anzahl der erforderlichen Personen an, um CM anzuwenden		
19	Stundensatz für Serviceingenieur/Berater	Stundensatz angeben		
20	Technikfrequenz für Serviceingenieur (Mal pro Jahr)	Geben Sie die Anzahl der Einsätze der CM-Technik an		

(Fortsetzung)

Tab. 11.1 (Fortsetzung)

Seriennummer	Betreff	Beschreibung/Anweisung	Wert	Ergebnisse
21	Durchschnittliche Datenerfassungszeit für Serviceingenieur/Berater (Stunden)	Schätzen Sie die Zeit zur Datenerfassung für Ausrüstung/System Schließen Sie alle mit der Erfassung verbundenen Zeiten ein (d. h. Aufbau, Abbau, Auswertung) Schließen Sie auch die Reisezeit ein, falls zutreffend		
22	Arbeitsaufwand für Serviceingenieur/Berater (Mannstunden)	Multiplizieren Sie Zeile 21 mit der Anzahl des Personals in Zeile 18		
23	Jährliche Arbeitskosten für die Datenerfassung durch Serviceingenieur/Berater	Multiplizieren Sie die Frequenz in Zeile 20 mit Zeile 22		Summe der jährlichen Arbeitskosten ($/Jahr)
24	Gesamtkosten der CM-Technik pro Jahr	Addieren Sie die Summen der Zeilen 8, 11, 12, 16, 17, 23		Gesamtkosten pro Jahr ($/Jahr)
Ergebnisse der Risikobewertung				
25	Risiko für in Zeile 4 identifizierte Ausrüstung/Systeme	Bestimmen Sie das Risiko, das mit dem Ausfall aller in Zeile 4 identifizierten Ausrüstungen verbunden ist Alle anwendbaren Konsequenzen sollten berücksichtigt werden (d. h. Betrieb, Schaden, Auswirkungen auf die Umwelt, Sicherheit usw.)		Gesamtrisiko pro Jahr ($/Jahr)
26	Geschätztes resultierendes Risiko	Die Implementierung einer CM-Technik sollte die damit verbundene Ausfallhäufigkeit auf 1/5 bis 1/10 reduzieren Multiplizieren Sie daher das Gesamtrisiko pro Jahr in Zeile 25 mit 0,2 bis 0,1		Geschätztes resultierendes Risiko ($/Jahr)
27	Geschätzte Risikominderung	Zeile 25–Zeile 26		Geschätzte Risikominderung ($/Jahr)
Kosteneffizienz der CM-Technik				

(Fortsetzung)

Tab. 11.1 (Fortsetzung)

Seriennummer	Betreff	Beschreibung/Anweisung	Wert	Ergebnisse
28	Vergleichen Sie die jährliche Risikominderung mit den jährlichen Kosten der CM-Technik	Zeile 27–Zeile 24 Wenn das Ergebnis eine positive Zahl ist, ist die CM-Technik wirtschaftlich machbar		
29	CM-Technik ist wirtschaftlich machbar		Ja	Nein

Kapitel 12
Klassenzertifizierungen basierend auf präventiven Wartungstechniken

In diesem Kapitel werden die Rahmenbedingungen und Voraussetzungen festgelegt, unter denen ein ordnungsgemäß durchgeführter Plan zur vorbeugenden Instandhaltung als Erfüllung der Anforderungen der Klasse in Bezug auf die spezielle kontinuierliche Maschinenüberwachung oder eine spezifische äquivalente Klasse angerechnet werden kann. Kein präventiver Wartungsplan darf das Urteil eines von der Klasse genehmigten und ernannten Inspektors ersetzen, noch entbindet das Vorhandensein des präventiven Wartungsplans den von der Klasse genehmigten Inspektor von der Teilnahme an Inspektionen für Schäden, repräsentative Überholungen von Hauptmotoren, Generatoren, Steuergetrieben, allgemeinem Isolationszustand und Widerstandstests, Funktionstests elektrischer Geräte, Untersuchungen der Zähne des Reduktionsgetriebes, hydrostatischen Tests von Druckbehältern, Tests und Überprüfungen von Sicherheitseinrichtungen wie Überdruckventilen, Überdrehzahlsicherungen, Notabschaltungen, Niederdruckabschaltungen usw. Tatsächlich ist der Plan für vorbeugende Wartung so konzipiert, dass er die von der Klasse genehmigten Inspektionen durch Gutachter ergänzt und unterstützt, wie von der Klasse für die Anerkennung ordnungsgemäß installierter und gewarteter Bordsysteme gefordert.

Der Verweis auf ein von der Klasse anerkanntes Zustandsüberwachungsunternehmen bezieht sich auf jene Unternehmen, die von der Klasse als externe Spezialisten mit der erforderlichen Expertise identifiziert wurden, um Urteile für und im Namen der Klasse zu fällen.

A. A. Olsen, *Zustandsüberwachung und Instandhaltungstechniken maritimer Ausrüstung*, https://doi.org/10.1007/978-3-031-76884-2_12

Inspektions- und Wartungsintervalle

In diesem Kapitel wird empfohlen, dass Inspektionen auf der Grundlage der vom System- und Gerätehersteller festgelegten Intervalle zwischen den Überholungen durchgeführt werden, wie durch die Erfahrung des Betreibers dokumentiert und in Übereinstimmung mit dem Zustandsüberwachungssystem, soweit zutreffend. Im Allgemeinen sollten die Intervalle für die Durchführung des präventiven Wartungsprogramms die für spezielle kontinuierliche Überprüfungen der Maschinen von der Klasse festgelegten Intervalle nicht überschreiten. Für Komponenten, bei denen der Wartungsplan auf Betriebsstunden basiert, können jedoch längere Intervalle akzeptiert werden, sofern die Intervalle auf den Empfehlungen des Herstellers basieren. In solchen Fällen, in denen ein genehmigtes Zustandsüberwachungssystem in Kraft ist, können die Maschineninspektionsintervalle entsprechend der Zyklusperiode der speziellen kontinuierlichen Überprüfungen der Maschinen verlängert werden.

Programmanforderungen

Damit ein präventives Wartungsprogramm anstelle einer herkömmlichen speziellen kontinuierlichen Überprüfung der Maschinen akzeptiert wird, können die folgenden Bedingungen von der Klasse und/oder der Flaggenstaatenverwaltung gefordert werden.

Alter des Schiffes

Im Allgemeinen gibt es keine Altersgrenze für ein Schiff, das in eine spezielle kontinuierliche Überprüfung der Maschinen aufgenommen werden soll. Ein bestehendes Schiff, das die Aufnahme in die spezielle kontinuierliche Überprüfung der Maschinen beantragt, wird jedoch in der Regel einer Überprüfung der Aufzeichnungen zum Überwachungsstatus des Schiffes unterzogen, um die bisherige Leistung der Maschinen zu ermitteln, die die Integrität des präventiven Wartungsprogramms beeinträchtigen könnte. Sofern keine früheren Probleme im Zusammenhang mit der Wartung der Maschinen vorliegen, sollte das betreffende Schiff in der Regel als geeignet angesehen werden.

Inspektionen

Um die Aktualität des präventiven Wartungsprogramms zu gewährleisten, müssen die Inspektionen des Schiffes auf dem neuesten Stand sein und dürfen keine ausstehenden Empfehlungen enthalten, die die Durchführung des präventiven Wartungsprogramms negativ beeinflussen könnten. Die Maschinen im Programm sollten idealerweise in einem Zyklus der speziellen kontinuierlichen Überprüfung der Maschinen sein. Wenn das Schiff nicht in einem solchen Zyklus ist, sollte dem Schiffseigner/-betreiber dringend geraten werden, das Schiff in einen solchen Zyklus zu überführen. Für Maschinen, für die eine ausstehende Empfehlung besteht, muss bestätigt werden, dass Reparaturen durchgeführt wurden. Wenn keine Reparaturen durchgeführt wurden, muss der Schiffseigner/-betreiber darüber informiert sein, dass eine ausstehende Empfehlung besteht. Alle Maschinen, die nicht durch das präventive Wartungsprogramm abgedeckt sind, sollten auf die übliche Weise inspiziert und gutgeschrieben werden.

Schäden

Es darf keine Aufzeichnung von unreparierten Schäden am Schiff oder seinen Maschinen geben, die normalerweise die Fähigkeit des Schiffes, am präventiven Wartungsprogramm teilzunehmen, negativ beeinflussen würden.

Elektronische und computergestützte Systeme

Das präventive Wartungsprogramm sollte in einem vollständig computergestütztem System programmiert und gewartet werden. Einzelheiten des computerisierten Systems sollten dem zuständigen technischen Büro der Klasse zur Überprüfung und Genehmigung vorgelegt werden. Dies muss jedoch nicht auf bestehende von der Klasse genehmigte Systeme angewendet werden. Computergestützte Systeme sollten automatische Backups wie in einer Cloud-Speicherdatenbank enthalten, die in regelmäßigen Abständen aktualisiert werden.

Implementierungsinspektionen

Zu Beginn sollte die Implementierungsinspektion von einem von der Klasse genehmigten Inspektor innerhalb eines Jahres ab dem Datum der Ausstellung des Schreibens zur Genehmigung des präventiven Wartungsprogramms, ausgestellt vom zuständigen technischen Büro der Klasse, durchgeführt werden. Dabei wird erwartet, dass der von der Klasse genehmigte Inspektor Folgendes überprüft:

(1) Das präventive Wartungsprogramm wird gemäß der Genehmigungsdokumentation implementiert und ist an die Art und Komplexität der Komponenten/Systeme an Bord des Schiffes angepasst.

(2) Das präventive Wartungsprogramm erstellt die für die jährliche Bestätigungsinspektion erforderliche Dokumentation und die Anforderungen an Inspektionen und Tests zur Beibehaltung der Klasse werden erfüllt.
(3) Das Bordpersonal ist mit dem präventiven Wartungsprogramm vertraut.

Wenn die Inspektion durchgeführt und die Implementierung in Ordnung befunden wird, muss ein Bericht, der die Implementierung des präventiven Wartungs- und/oder Zustandsüberwachungssystems bestätigt, vom anwesenden von der Klasse zugelassenen Inspektor an das entsprechende technische Büro der Klasse übermittelt werden, nach dessen Erhalt das System in Betrieb genommen werden kann.

Programmimplementierung

Wenn das präventive Wartungsprogramm von der Klasse genehmigt und die Implementierungsinspektion zufriedenstellend abgeschlossen wurde, sollte der anwesende von der Klasse genehmigte Inspektor die Klasse darüber informieren, dass die durch das geplante Wartungsprogramm abgedeckten Elemente durch einen präventiven Wartungsindikator angezeigt werden sollen; für Elemente, die durch ein Zustandsüberwachungsprogramm abgedeckt sind, sollen diese durch einen Zustandsüberwachungsindikator angezeigt werden.

Stornierung des Programms

Die Inspektionsvereinbarung für Maschinen im Rahmen des präventiven Wartungsprogramms kann von der Klasse jederzeit storniert werden, wenn das Programm nicht zufriedenstellend verwaltet wird, wie entweder aus (1) den Wartungsaufzeichnungen des Schiffes oder durch allgemeine Inspektion und Zustand der Maschinen ersichtlich ist, oder (2) wenn die vereinbarten Intervalle zwischen den Überholungen überschritten werden. Der Verkauf oder der Wechsel des Managements des Schiffes oder die Übertragung des Schiffes von einer Klasse oder Flagge zu einer anderen sind ebenfalls typische Gründe für die Überprüfung der Genehmigung. Der Schiffseigner/-betreiber kann die Inspektionsvereinbarung für Maschinen im Rahmen des präventiven Wartungsprogramms jederzeit durch Benachrichtigung des entsprechenden technischen Büros der Klasse, in der Regel schriftlich, stornieren. In diesem Fall können Elemente, die seit der letzten jährlichen Inspektion im Rahmen des Programms inspiziert wurden, nach Ermessen des von der Klasse genehmigten Inspektors von der Klasse gutgeschrieben werden.

Einreichungsanforderungen

Programmbeschreibung

Bei der Implementierung eines vorbeugenden Wartungsprogramms muss ein umfassendes Dokument zur Gestaltung für das vorbeugende Wartungsprogramm zur Überprüfung und Genehmigung beim zuständigen technischen Büro der Klasse eingereicht werden. In der Regel sollten nur Maschinen, die einer speziellen kontinuierlichen Überprüfung unterliegen können, in das Programm aufgenommen werden, es sei denn, der Schiffseigner/-betreiber fordert ausdrücklich eine Überprüfung nicht wesentlicher Maschinen an. Dieses Programm umfasst in der Regel die folgenden Bestimmungen:

(1) Für Gegenstände, die durch ein geplantes Wartungsprogramm abgedeckt sind:
   (a) Eine Liste und Beschreibung der Maschinen.
   (b) Organigramm zur Identifizierung der Verantwortungsbereiche.
   (c) Wartungs- und Überholungsplan. Dieser Plan muss mindestens die vom Hersteller angegebenen Wartungs- und Überholungsintervalle einhalten und eine entsprechende Erklärung muss dem Plan beigefügt werden.
   (d) Beschreibung der Arbeiten, die in jedem Intervall durchgeführt werden sollen.
   (e) Methoden zur Maschinenidentifikation und Verfahren zur Aufzeichnung.
   (f) Geplante Wartungsblätter/-aufzeichnungen für jede zu berücksichtigende Maschine.

(2) Für Gegenstände, die durch ein Zustandsüberwachungsprogramm abgedeckt sind:
   (a) Eine Liste und Beschreibung der abgedeckten Maschinen einschließlich:
      (i) Methode der Datenerfassung und Analysetools.
      (ii) Nominale Drehzahl (RPM).
      (iii) Pferdestärken.
      (iv) Ort und Ausrichtung der Sensorbefestigungen, die dauerhaft an den Maschinen markiert werden sollen.
      (v) Probenahmeverfahren für die Ölanalyse.
   (b) Organigramm zur Identifizierung der Verantwortungsbereiche.
   (c) Zeitplan für die Datenerfassung.
   (d) Typ und Modell des Datenerfassungsinstruments, einschließlich Sensor und Befestigungsmethode sowie Kalibrierungsplan.
   (e) Akzeptanzkriterien der Daten.
   (f) Von der Klasse genehmigter Inspektor und/oder ein Vertreter eines von der Klasse anerkannten Zustandsüberwachungsunternehmens sind mit den akzeptablen Vibrationspegeln im SNAME T&R Bulletin 3–42 *Richtlinien für die Verwendung der Vibrationsüberwachung zur vorbeugenden*

Wartung oder anderen gleichwertigen nationalen oder internationalen Standards zu vergleichen. Der Schiffseigner ist über alle Maschinen zu informieren, die die Akzeptanzkriterien nicht erfüllen (d. h. Maschinen mit hohen Vibrationspegeln).

Jahresbericht zur vorbeugenden Wartung des Schiffseigners

Die jährliche Bestätigung des vorbeugenden Wartungsprogramms sollte vom anwesenden, von der Klassifikationsgesellschaft zugelassenen Inspektor am Jahrestag des vorbeugenden Wartungsprogramms durchgeführt werden. In diesem Fall kann es erforderlich sein, dass der Schiffseigner/Betreiber oder ein qualifizierter Vertreter dem anwesenden, von der Klassifikationsgesellschaft zugelassenen Inspektor einen Jahresbericht zur vorbeugenden Wartung vorlegt, der die folgenden Informationen enthält. Es liegt in der Verantwortung des Inspektors, den Inhalt des Berichts zum Zeitpunkt der jährlichen Bestätigungsinspektion des vorbeugenden Wartungsprogramms zu überprüfen und zu bestätigen. Nach alleinigem Ermessen der Klassifikationsgesellschaft können Berichte, die nicht alle der folgenden Informationen enthalten, zur Nachbesserung zurückgesandt werden:

(1) Bericht über das geplante Wartungsprogramm (jährlich):
  (a) Eine Zusammenfassung aller Maschinen, die im geplanten Wartungsprogramm enthalten sind, einschließlich einer vollständigen Beschreibung der seit dem letzten eingereichten Bericht an jeder Maschine durchgeführten Arbeiten. Der Schiffseigner kann Ausrüstungen hinzufügen oder entfernen, vorbehaltlich der Genehmigung des anwesenden, von der Klassifikationsgesellschaft zugelassenen Inspektors, der auch das zuständige technische Büro der Klassifikationsgesellschaft über etwaige Maschinenzugänge oder -entfernungen benachrichtigen wird, falls erforderlich.
  (b) Verfahren zur Maschinenidentifikation.
  (c) Wartungsblätter/-aufzeichnungen für jede Maschine.
  (d) Ausnahmen, Anmerkungen und Kommentare, die während der Arbeit notiert wurden.
  (e) Änderungen und Begründungen des Zeitplans, wie sie beispielsweise in einem technischen Merkblatt des Maschinenherstellers empfohlen werden könnten.
  (f) Vollständige Trendanalyse von Maschinen, deren Betriebsparameter die akzeptablen Toleranzen überschreiten.
  (g) Zusammenfassung und Analyse von Maschinen, die vor der geplanten Wartung oder dem Service ausgefallen sind.
(2) Bericht über das Zustandsüberwachungsprogramm (jährlich):
  (a) Eine Zusammenfassung aller Maschinen, die im Zustandsüberwachungsprogramm enthalten sind, wobei der allgemeine Zustand der Maschinen

basierend auf den neuesten Schwingungsmessdaten klar angegeben wird (d. h. zufriedenstellend, grenzwertig, verdächtig, unakzeptabel etc.).[1] Die Daten für den Bericht müssen innerhalb von drei Monaten vor dem Einreichungsdatum des Berichts von einem von der Klassifikationsgesellschaft anerkannten Zustandsüberwachungsunternehmen erhoben worden sein.

(b) Verfahren zur Maschinenidentifikation.
(c) Ursprüngliche Basisdaten für die Ausrüstung.
(d) Zustandsüberwachungsdaten einschließlich aller Daten seit der letzten Öffnung der Maschine.
(e) Schwingungsspektraldaten müssen von einem Vertreter eines von der Klassifikationsgesellschaft anerkannten Zustandsüberwachungsunternehmens überprüft werden.
(f) Vollständige Trendanalyse (einschließlich Spektralanalyse für Schwingungen) von Maschinen, deren Betriebsparameter die akzeptablen Toleranzen überschreiten. Auch Alarmkriterien.
(g) Relevante Betriebsdaten während der Datenerfassung wie Seegang, Maschinentemperatur, andere Geräte, die die Daten beeinflussen, etc. sollten enthalten sein.
(h) Vierteljährliche Gesamtschwingungsmessungen, die vom Schiffspersonal aufgezeichnet wurden. Der Typ des Aufzeichnungsgeräts, die Methode der Datenerfassung und die Kalibrierung des Datenerfassungsgeräts müssen angegeben werden.

Wenn sich die im geplanten Wartungs- oder Zustandsüberwachungsprogramm enthaltenen Maschinen geändert haben, muss dies klar angegeben werden. Jede Maschine, die dem System hinzugefügt werden soll, unterliegt in der Regel den gleichen oben genannten Anforderungen, vorbehaltlich der Genehmigung durch den anwesenden, von der Klassifikationsgesellschaft zugelassenen Inspektor. Darüber hinaus ist das zuständige technische Büro der Klassifikationsgesellschaft über jede Maschine zu informieren, die dem geplanten Wartungs-/Zustandsüberwachungsprogramm hinzugefügt oder daraus entfernt werden soll. Für die geplante Wartung sollte der Schiffseigner über alle Maschinen informiert werden, für die keine regelmäßige Wartung angezeigt ist oder die gemäß dem ursprünglichen Wartungsbericht unvollständig ist. In der Zwischenzeit kann der Zustand der Maschinen nach alleinigem Ermessen des anwesenden, von der Klassifikationsgesellschaft zugelassenen Inspektors als zufriedenstellend angesehen werden. Für die Zustandsüberwachung sind die Schwingungsmessungen mit den Basiswerten im ursprünglichen Bericht zu vergleichen. Der Schiffseigner/-betreiber ist darüber zu informieren, dass Wartung oder zusätzliche Überwachung für Maschinen erforderlich ist, bei denen die Schwingungsmessungen über den Werten des Schwingungsstandards für Maschinen liegen. Jede Maschine, die für die Messung

[1] Alternative Begriffe und Definitionen können angewendet werden.

nicht verfügbar ist, muss notiert und der Schiffseigner/-betreiber darüber informiert werden, dass solche Messungen zur Überprüfung durch die Klassifikationsgesellschaft eingereicht werden müssen. In der Zwischenzeit ist der Zustand der Maschinen nach alleinigem Ermessen des anwesenden, von der Klassifikationsgesellschaft zugelassenen Inspektors als zufriedenstellend anzusehen.

Dokumentation an Bord

In Bezug auf die Dokumentation an Bord ist der Chefingenieur die verantwortliche Person an Bord des Schiffes, die für das vorbeugende Wartungsprogramm zuständig ist. Wann immer ein computergestütztes System zur Aktualisierung der Wartungsdokumentation und des Wartungsprogramms verwendet wird, ist es für die Aufrechterhaltung der Integrität des Programms unerlässlich, dass der Zugang ausschließlich auf den Chefingenieur oder seinen ordnungsgemäß ernannten Stellvertreter beschränkt ist. Zur Aufrechterhaltung der Aktualität des Programms müssen die folgenden Dokumentationen und Aufzeichnungen an Bord aufbewahrt werden:

(1) Geplantes Wartungsprogramm:
   (a) Die neuesten aktuellen Informationen.
   (b) Eine Kopie der Servicehandbücher des Herstellers und/oder der Wartungsanweisungen der Werft.
   (c) Referenzdokumentation (Trenduntersuchungsverfahren usw.).
   (d) Alle Aufzeichnungen, die die Einhaltung des Programms zeigen (einschließlich durchgeführter Reparaturen und Erneuerungen), müssen dem anwesenden, von der Klasse zugelassenen Prüfer zur Überprüfung bei der jährlichen Maschineninspektion zur Verfügung gestellt werden.
(2) Zustandsüberwachungsprogramm:
   (a) Die neuesten aktuellen Informationen, wie vom Programm gefordert.
   (b) Für Schiffe mit an Bord befindlichen Vibrationsmessgeräten oder FFT-Vibrationsanalysatoren, von den Herstellern gelieferte Handbücher zur Verwendung von Datensammlern und Computerprogrammen sowie Anleitungen für den Maschinenbetrieb und die Diagnose von Maschinenfehlern.
   (c) Zustandsüberwachungsdaten, einschließlich aller Daten seit der letzten Öffnung der Maschine und der ursprünglichen Basisdaten.
   (d) Referenzdokumentation (Verfahren zur Ermittlung von Trends usw.).
   (e) Aufzeichnungen der Schmierölanalysen, Rotorpositionierungslesungen, Drücke des Zwischenstufenentlüftungssystems und Vibrationsmessungen müssen mindestens vierteljährlich vom Personal des Schiffes aufgezeichnet und an Bord aufbewahrt werden, um sie jährlich vom anwesenden, von der Klasse zugelassenen Prüfer überprüfen zu lassen.

(f) Vollständige Vibrationsdaten müssen mindestens jährlich oder häufiger, wenn dies durch abnormale Bedingungen und Betriebsparameter gerechtfertigt ist, von einem Vertreter eines von der Klasse anerkannten Zustandsüberwachungsunternehmens überprüft und an Bord aufbewahrt werden, um sie jährlich vom anwesenden, von der Klasse zugelassenen Prüfer überprüfen zu lassen.
(g) Wenn das Schiff Verbrennungsmotoren im Programm enthält, müssen die entsprechenden Daten an Bord aufbewahrt werden, um sie jährlich vom anwesenden, von der Klasse zugelassenen Prüfer überprüfen zu lassen.
(h) Kalibrierungsdatum der Ausrüstung. Die Kalibrierung muss gemäß den Empfehlungen des Herstellers oder jährlich, je nachdem, was häufiger ist, erfolgen.
(i) Alle Reparaturen oder Änderungen an Maschinen müssen gemeldet werden, ebenso wie eine Zusammenfassung und Analyse aller ungeplanten Wartungen und/oder Ausfälle der überwachten Ausrüstung.
(j) Alle Aufzeichnungen, die die Einhaltung des Programms zeigen, einschließlich einer Kopie des neuesten Jahresberichts des Schiffseigners, müssen dem anwesenden, von der Klasse zugelassenen Prüfer zur Überprüfung bei der jährlichen Maschineninspektion zur Verfügung gestellt werden.

Sonderbedingungen

Dampfturbinen

In Bezug auf Dampfturbinen muss die Zustandsüberwachung der Turbinen Informationen gemäß dem Abschnitt *Borddokumentation* liefern. Die Hauptantriebsturbinen-Rotorlager, Drucklager und flexible Kupplungen müssen zur Untersuchung geöffnet werden. Der Niederdruck-Abgasstrang muss zur Untersuchung der letzten Reihe von Niederdruck- und Rückwärtsrädern geöffnet werden. Sofern Schwingungsmessungen, Schmierölanalysen und Rotorpositionsprüfungen sowie Turbinenbetriebsaufzeichnungen überprüft und alle von dem von der Klasse genehmigten Prüfer als zufriedenstellend erachtet werden, kann das Anheben der Hauptantriebsturbinengehäuse bei alternierenden, nachfolgenden besonderen periodischen Überprüfungen ausgesetzt werden. Bei Turbinen, bei denen variable oder anomale Messwerte festgestellt werden, sind die Messwerte von der Schiffsbesatzung häufiger aufzuzeichnen, um den Leistungsbereich ordnungsgemäß zu überwachen oder den Trend festzustellen. Die Turbinen müssen in der Regel einem Betriebstest unterzogen werden.

Verbrennungsmotoren

Die Zustandsüberwachung von Verbrennungsmotoren muss eine detaillierte Motorenanalyse zusätzlich zu den im Abschnitt *Einreichungsanforderungen* geforderten Daten liefern. Zu diesem Zweck sollten die folgenden Daten mindestens monatlich aufgezeichnet werden, sofern nicht anders angegeben (Tab. 12.1).

Bei Maschinen, bei denen variable oder anomale Messwerte festgestellt werden, sind die Messwerte von der Schiffsbesatzung häufiger aufzuzeichnen, um den Leistungsbereich ordnungsgemäß zu überwachen oder den Trend festzustellen.

Elektrische Schaltanlagen und Stromverteilungstafeln

Zustandsüberwachungspläne für elektrische Ausrüstungen sollten die Untersuchung von Schaltanlagen, Schaltfeldern, Transformatoren und anderen wesentlichen elektrischen Geräten durch Infrarotfotothermografie während jedes fünfjährigen Überprüfungszyklus umfassen, während der Stromkreis unter Spannung und unter normalen Arbeitslasten steht. Ein Bericht, der die Ergebnisse der Überprüfung beschreibt, sowie periodische Isolationswiderstandsaufzeichnungen müssen an Bord aufbewahrt werden, um von dem anwesenden, von der Klasse genehmigten Prüfer überprüft zu werden.

Fest installierte Überwachungsgeräte

Fest installierte elektronische Analysegeräte, die für das Zustandsüberwachungsprogramm verwendet werden, müssen den Klassenvorschriften bezüglich der Prüfung und Zertifizierung von automatischen und ferngesteuerten Systemen für den Einsatz an Bord von Schiffen entsprechen.

Tab. 12.1 Einreichungsanforderungen für Verbrennungsmotoren

Betriebszeit (Betriebsstunden) Leistungsausgang (MCR) U/min Zylinderdruck in Abhängigkeit vom Kurbelwinkel Einspritzdruck in Abhängigkeit vom Kurbelwinkel Verschleiß von Zylinderlaufbuchse und Kolbenringen (auf Basis von Kompressions-/Feuerdrücken oder Näherungsmessungen) Spülluftdrücke und -temperaturen	Schmieröl- und Zylinderölverbrauch Lagertemperaturen (Hauptlager, Kurbelzapfen, Kreuzkopf und internes Schublager, falls vorhanden) Zylinderabgastemperaturen Turboladerschwingungen und T/C U/min Schmierölanalyse (vierteljährlich) Kurbelwellenverformungsmessungen für mittelschnell/langsam laufende Dieselmotoren

Alternative Techniken

Die Anwendung von Zustandsüberwachungstechniken, die in diesem Kapitel nicht besprochen werden, kann von der Klasse speziell in Betracht gezogen werden, wenn ein schriftlicher Antrag an das zuständige technische Büro der Klasse gestellt wird. Beispielsweise kann die Zustandsüberwachung basierend auf halbjährlichen Signaturen als alternative Technik für rotierende Maschinen anstelle von vierteljährlichen Gesamtschwingungsmessungen, ergänzt durch eine jährliche Signatur, akzeptiert werden. Die halbjährlichen Signaturen sind von einem Vertreter eines von der Klasse anerkannten Zustandsüberwachungsunternehmens zu erstellen und zu überprüfen. Externe Überprüfungen, wie Schmierölanalysen, Wellenpositionsanzeigen und Lagertemperaturen, sind nicht betroffen und sollten weiterhin mindestens vierteljährlich von der Besatzung überwacht werden. Der jährliche Bericht des Schiffseigners muss klar angeben, dass diese Alternative genutzt wird und muss beide halbjährlichen Signaturen für alle überwachten Geräte enthalten. Darüber hinaus muss eine Zusammenfassung und Analyse aller ungeplanten Wartungen und/oder Ausfälle der überwachten Geräte, die nicht durch die halbjährlichen Signaturen identifiziert wurden, enthalten sein. Alle Berichte, die ohne die erforderliche Wartungserklärung und/oder Zusammenfassung eingereicht werden, werden in der Regel zurückgesandt, bis Abhilfemaßnahmen ergriffen wurden.

Überholungen und Schadensreparaturen

Überholungen

In allen Fällen ist ein von der Klasse genehmigter Prüfer erforderlich, um an repräsentativen Überholungen der Haupt- und Hilfsmaschinen teilzunehmen und darüber zu berichten. Nach Überholungen sind neue Basisdaten in Anwesenheit eines von der Klasse anerkannten Zustandsüberwachungsunternehmens innerhalb von sechs Monaten nach der Überholung aufzuzeichnen und im Jahresbericht zu enthalten. Dokumentationen über Überholungen von Gegenständen, die durch das vorbeugende Wartungsprogramm abgedeckt sind, sind dem Chefingenieur zu melden und von ihm zu unterzeichnen.

Schadensreparaturen

Alle Schäden an Komponenten/Maschinen sind dem technischen Büro der Klasse zu melden. Reparaturen solcher beschädigten Komponenten/Maschinen im Rahmen des vorbeugenden Wartungsprogramms sind zur Zufriedenheit des von der

Klasse genehmigten Prüfers gemäß den im Abschnitt *Borddokumentation* bereitgestellten Anweisungen durchzuführen. Jede Reparatur und Korrekturmaßnahme bezüglich Maschinen im Rahmen des vorbeugenden Wartungsprogramms ist aufzuzeichnen und die Reparatur vom anwesenden, von der Klasse genehmigten Prüfer bei der jährlichen Bestätigungsüberprüfung zu verifizieren. Im Falle von überfälligen ausstehenden Empfehlungen oder einem Bericht über unreparierte Schäden, die das vorbeugende Wartungsprogramm negativ beeinflussen würden, sind die betreffenden Gegenstände aus dem Programm zu entfernen, bis die Empfehlung erfüllt oder die Reparatur durchgeführt wurde.

Jährliche Bestätigungsüberprüfungen des vorbeugenden Wartungsprogramms

Gleichzeitig mit jeder jährlichen Überprüfung der Maschinen ist für Schiffe, die an einem vorbeugenden Wartungsprogramm teilnehmen, eine jährliche Bestätigungsüberprüfung durch den anwesenden, von der Klasse genehmigten Prüfer durchzuführen. Zweck dieser Überprüfung ist es, zu verifizieren, dass das Programm korrekt betrieben wird und dass die Maschinen seit der letzten Überprüfung zufriedenstellend funktioniert haben. Die Überprüfung umfasst eine allgemeine Untersuchung der betreffenden Gegenstände. Dabei überprüft der von der Klasse zugelassene Prüfer den jährlichen Bericht des Schiffseigners und untersucht die Leistungs- und Wartungsaufzeichnungen, um zu verifizieren, dass die Maschinen seit der letzten Überprüfung zufriedenstellend funktioniert haben oder Maßnahmen ergriffen wurden, wenn Maschinenbetriebsparameter die akzeptablen Toleranzen überschritten haben und die Überholungsintervalle eingehalten wurden. Alle schriftlichen Details zu Ausfällen oder Fehlfunktionen sind zur Überprüfung bereitzustellen. Darüber hinaus ist eine Beschreibung der durchgeführten Reparaturen bereitzustellen und vom von der Klasse genehmigten Prüfer zu überprüfen. Jedes Maschinenteil, das aufgrund von Schäden durch ein Ersatzteil ersetzt wurde, ist, soweit möglich, an Bord zu behalten, bis es vom Prüfer untersucht wurde. Schließlich sind nach Ermessen des von der Klasse zugelassenen Prüfers Funktionstests, Bestätigungsüberprüfungen und Stichprobenmessungen, sofern Zustandsüberwachungsgeräte verwendet werden, so weit wie möglich und zumutbar durchzuführen. Nach zufriedenstellendem Abschluss der oben genannten Anforderungen kann das vorbeugende Wartungsprogramm von der Klasse für die weitere Nutzung akzeptiert werden. Der von der Klasse genehmigte Prüfer kann dem CMS alle Maschinen gutschreiben, die in Anwesenheit und zur Zufriedenheit des anwesenden, von der Klasse zugelassenen Prüfers überholt und getestet wurden. Darüber hinaus kann jede Maschine, die gemäß dem geplanten Wartungsplan überholt wurde, vom anwesenden, von der Klasse genehmigten Prüfer nach einem zufriedenstellenden Betriebstest dem CMS gutgeschrieben werden. Jede Maschine, die akzeptable Betriebsbedingungen gemäß dem Zustandsüberwachungsprogramm aufweist, kann vom anwesenden, von der Klasse genehmigten Prüfer nach einem zufriedenstellenden Betriebstest dem CMS gutgeschrieben werden.

Glossar

Die folgenden Definitionen werden auf die im gesamten Buch verwendeten Begriffe angewendet.

Basisdaten. Die Basisdaten beziehen sich auf Zustandsüberwachungsindikationen – in der Regel Schwingungsaufzeichnungen an rotierenden Geräten –, die erstellt wurden, als das Geräteobjekt oder die Komponente in gutem Zustand war, als die Einheit erstmals in das Programm aufgenommen wurde oder die ersten Zustandsüberwachungsdaten, die nach einer Überholung oder Reparaturmaßnahme gesammelt wurden, die die vorherigen Basisdaten ungültig machte. Die Basisdaten sind die anfänglichen Zustandsüberwachungsdaten, mit denen nachfolgende periodische Zustandsüberwachungsdaten verglichen werden.

CANopen-Netzwerk. CAN (Controller Area Network – Netzwerk zur Steuerung von Bereichen) ist eine standardisierte Anwendung für verteilte Automatisierungssysteme, die auf der Übertragung zeitkritischer Prozessdaten, standardisierter Daten in Bezug auf die Systemkomponenten und den Funktionsstatus basiert.

CANbus. Die Datensicherungsschicht von CANopen überträgt Daten zwischen Geräten, Systemsteuerungen und Datenanalysatoren.

Ursache. Siehe „Fehlerursache".

Von der Klassifikationsgesellschaft anerkannte Zustandsüberwachungsunternehmen. Dieser Begriff bezieht sich auf jene Unternehmen, die von der Klassifikationsgesellschaft als Dienstleister zugelassen wurden.

Komponente. Die hierarchische Ebene unterhalb der Ausrüstungsgegenstände. Dies ist die niedrigste Ebene, auf der die Komponente für ihren Beitrag zu den Gesamtfunktionen der Funktionsgruppe identifiziert werden kann; sie kann für ihre Ausfallmodi identifiziert werden; sie ist die zweckmäßigste physische Einheit, für die der Plan für vorbeugende Wartung oder die Ersatzteilhaltung festgelegt werden kann.

A. A. Olsen, *Zustandsüberwachung und Instandhaltungstechniken maritimer Ausrüstung*, https://doi.org/10.1007/978-3-031-76884-2

Zustandsbasierte Instandhaltung (CBM). Ein Wartungsplan, der häufig oder in Echtzeit durchgeführt wird und auf der Verwendung von Zustandsüberwachung basiert, um zu bestimmen, wann ein Teileaustausch oder andere Korrekturmaßnahmen erforderlich sind. Dieser Prozess umfasst die Festlegung einer Basislinie und von Betriebsparametern, dann die häufige Überwachung der Maschine und den Vergleich von Änderungen der Betriebsbedingungen mit der Basislinie. Reparaturen oder der Austausch von Teilen werden durchgeführt, bevor die Maschine ausfällt, basierend auf der Verwendung der für die Zustandsüberwachung vorgeschriebenen Werkzeuge.

Zustandsüberwachung (CM). Zustandsüberwachung umfasst geplante diagnostische Technologien, die verwendet werden, um den Zustand von Maschinen zu überwachen, um einen potenziellen Ausfall zu erkennen. Fachleute in einigen Ländern bezeichnen diesen Begriff als eine „zustandsabhängige Aufgabe" oder „vorausschauende Wartung".

Konsequenz. Die Art und Weise, wie die Auswirkungen eines Ausfallmodus von Bedeutung sind. Die Konsequenz kann als die Anzahl der betroffenen Personen, beschädigtes Eigentum, verschüttete Ölmenge, betroffene Fläche, Ausfallzeit, Missionsverzögerung, verlorene Dollar usw. ausgedrückt werden. Unabhängig von der gewählten Messgröße werden die Konsequenzen „pro Ereignis" ausgedrückt.

Datenhistoriker. Ein Datenhistoriker ist eine Art von Datenbank, die dazu entwickelt wurde, Automatisierungs- und Prozessdaten zu archivieren. Sie sind darauf ausgelegt, hochfrequente Daten und regelmäßig gesammelte Daten zu speichern. Historiker werden verwendet, um Prozesse zu beheben, die Fertigung zu optimieren, Daten für die Einhaltung von Vorschriften zu speichern usw. Es werden keine transaktionalen oder relationalen Daten gespeichert.

Effekte. Siehe „Ausfallwirkungen".

Ausrüstungsgegenstände. Die hierarchische Ebene unterhalb von Systemen, die verschiedene Gruppen von Komponenten umfasst.

Ausfallursache. Die Ausfallursache ist der grundlegende Geräteausfall, der zum Ausfallmodus führt. Zum Beispiel ist das Festfressen des Pumpenlagers eine Ausfallursache des Ausfallmodus „Pumpe fällt aus".

Fehlercharakteristik. Die Fehlercharakteristik ist das Fehlermuster (d. h. Einlaufphase, zufällig, Auslaufphase), das durch die Fehlerart gezeigt wird.

Ausfallwirkungen. Ausfallwirkungen sind die Konsequenzen, die aus einem Ausfallmodus und seinen Ursachen resultieren können.

- *Endwirkung.* Die Gesamtauswirkung auf das Schiff, die typischerweise mit den für die Analyse relevanten Konsequenzen zusammenhängt (Verlust der Antriebskraft, Verlust der Manövrierfähigkeit usw.). Für die Zwecke dieser Veröffentlichung bezieht sich der Begriff „Endwirkung" nur auf den vollständigen Verlust oder die Verschlechterung der Funktionen im Zusammenhang mit Antrieb und Richtungssteuerung, einschließlich einer der folgenden Konsequenzen: Verlust der Eindämmung, Explosion/Feuer, Verringerung der Sicherheit, die unmittelbar danach oder kurze Zeit später infolge eines Ausfallmodus auftritt. Für Offshore-Aktivitäten können diese auf alle Funktionen im Zusammenhang mit Bohrvorgängen, Positionshaltung, Kohlenwasserstoffproduktion und -verarbeitung oder Import- und Exportfunktionen ausgeweitet werden.

- *Lokale Wirkung.* Die anfängliche Änderung im Systembetrieb, die auftreten würde, wenn der postulierte Ausfallmodus eintreten würde.
- *Nächsthöhere Wirkung.* Die Zustands- oder Betriebsänderung der nächsthöheren Ebene der Einteilung, die durch den postulierten Ausfallmodus verursacht wird. Diese höherstufige Wirkung steht in der Regel im Zusammenhang mit dem funktionalen Ausfall, der daraus resultieren könnte.

Strategie zum Ausfallmanagement. Eine Strategie zum Ausfallmanagement ist eine proaktive Strategie, um Ausfälle und deren Auswirkungen auf ein akzeptables Risikoniveau zu managen. Sie besteht aus proaktiven Wartungsaufgaben, dem Ausfallbetrieb bei geringem Risiko oder einmaligen Änderungen bei hohem Risiko.

Fehlmechanismus. Der Fehlmechanismus beschreibt, wie der Fehlermodus auftreten kann. Ein Fehlermodus für ein bestimmtes Gerät kann mehrere Fehlmechanismen haben. Der Fehlmechanismus kann sich im Laufe der Lebensdauer des Geräts ändern, da sich das Ausfallratenmuster ändert.

Fehlermodus. Der Fehlermodus beschreibt, wie Ausrüstung ausfallen kann und möglicherweise zu einem Funktionsausfall führt. Der Fehlermodus kann in Bezug auf eine Ausrüstungsfehlerursache beschrieben werden (d. h. Pumpenlager klemmt), wird jedoch typischerweise in Bezug auf eine beobachtete Auswirkung des Ausrüstungsfehlers beschrieben (d. h. Pumpe fällt aus).

Ausfallrate. Die Ausfallrate ist die Anzahl der Ausfälle pro Zeiteinheit, die für die Ausrüstung zu erwarten sind.

FMECA. Das Akronym für „Fehlermöglichkeits- und Einflussanalyse mit Kritikalitätsbewertung".

Frequenz. Die Frequenz eines potenziell unerwünschten Ereignisses wird als Ereignisse pro Zeiteinheit, üblicherweise pro Jahr, ausgedrückt. Die Frequenz sollte aus historischen Daten bestimmt werden, wenn in der Vergangenheit eine signifikante Anzahl von Ereignissen aufgetreten ist. Oft konzentrieren sich Risikoanalysen jedoch auf Ereignisse mit schwerwiegenderen Folgen (und niedrigen Frequenzen), für die nur wenige historische Daten existieren. In solchen Fällen wird die Ereignisfrequenz mithilfe von Risikobewertungsmodellen berechnet.

Funktion. Eine Funktion ist das, wofür die Funktionsgruppe, Systeme, Geräte und Komponenten entworfen sind. Jede Funktion sollte als Funktionsaussage dokumentiert werden, die ein Verb zur Beschreibung der Funktion, ein Objekt, auf das die Funktion wirkt, und Leistungsstandard(e) enthält.

- *Primärfunktion.* Eine Primärfunktion steht in direktem Zusammenhang mit der Erzeugung des primären Outputs oder Produkts einer Funktionsgruppe/eines Systems/eines Geräts/einer Komponente.
- *Sekundärfunktion.* Eine Sekundärfunktion steht nicht in direktem Zusammenhang mit der Erzeugung des primären Outputs oder Produkts, ist jedoch dennoch für die Funktionsgruppe/das System/das Gerät/die Komponente erforderlich.

Funktionaler Ausfall. Ein funktionaler Ausfall ist eine Beschreibung, wie das Gerät eine bestimmte Funktion nicht auf dem gewünschten Leistungsniveau ausführen kann. Jeder funktionale Ausfall sollte in einer funktionalen Ausfallerklärung dokumentiert werden, die ein Verb, ein Objekt und die funktionale Abweichung enthält.

Funktionale Gruppe. Eine hierarchische Ebene, die Antriebs-, Manövrier-, elektrische, Schiffsdienst- sowie Navigations- und Kommunikationsfunktionen anspricht.

Indikationen (Fehlererkennung). Indikationen sind Alarme oder Bedingungen, die der Bediener wahrnehmen würde, um den Fehlermodus zu erkennen.

Wahrscheinlichkeit. Siehe „Häufigkeit".

MODBUS. Ist ein gängiges serielles Kommunikationsprotokoll zum Verbinden industrieller elektronischer Geräte wie Sensoren und speicherprogrammierbarer Steuerungen (SPS).

Einmalige Änderung. Eine Instandhaltungsstrategie, bei der Geräte oder Systeme, die ein unakzeptables Risikoniveau darstellen und keine potenziellen Minderungsmaßnahmen haben, ersetzt oder erheblich verändert werden, um ein akzeptables Risikoniveau zu gewährleisten.

OPC-Server. OPC („OLE" PC) (Objektverknüpfung und -einbettung für die Prozesssteuerung) ist ein Software-Interface-Standard, der es Windows-Programmen ermöglicht, mit industriellen Hardwaregeräten zu kommunizieren.

Betriebskontext. Der Betriebskontext einer Funktionsgruppe sind die Umstände, unter denen die Funktionsgruppe voraussichtlich betrieben wird. Er sollte die physische Umgebung beschreiben, in der die Funktionsgruppe betrieben wird, eine genaue Beschreibung der Art und Weise, wie die Funktionsgruppe betrieben wird, und die festgelegten Leistungsfähigkeiten der Funktionsgruppe.

Präventives Wartungsprogramm (PM). Ein Wartungsplan, der zeitbasierte Inspektionen, Teileaustausch oder Überholungen verwendet, um Geräteausfälle zu verhindern. Die Zeitplanung kann auf Kalendertagen, Zählerzyklen oder Betriebsstunden der Ausrüstung basieren. Solche Zeitpläne werden in der Regel vom Maschinenhersteller festgelegt und umfassen Schmierdienste, Filter-, Lager- und Dichtungswechsel sowie größere Überholungen. Dies bezieht sich auf die Anforderungen des präventiven Wartungsprogramms, die in Kap. 12 besprochen werden. Das präventive Wartungsprogramm sollte auf der IACS Unified Requirement Z20 (oder in der geänderten Fassung) basieren, obwohl es erhebliche Unterschiede hinsichtlich der zugelassenen Geräte gibt.

P–F-Intervall. Das Potenzialausfallintervall ist der Zeitraum zwischen dem Zeitpunkt, an dem der Beginn des Ausfalls erkannt werden kann, und dem Zeitpunkt, an dem der Funktionsausfall eintritt. Eine Zustandsüberwachungsaufgabe sollte in weniger als der Hälfte dieses Intervalls durchgeführt werden.

Geplante Wartung. Für die Zwecke dieser Veröffentlichung ist geplante Wartung eine planmäßige Wartungsaufgabe, die das Verwerfen einer Komponente zu oder vor einem festgelegten Altersgrenzwert beinhaltet, unabhängig von ihrem Zustand zu diesem Zeitpunkt. Es bezieht sich auch auf eine geplante Wartungsaufgabe, die die Fähigkeit eines Elements zu oder vor einem festgelegten

Altersgrenzwert wiederherstellt, unabhängig von seinem Zustand zu diesem Zeitpunkt, auf ein Niveau, das eine akzeptable Überlebenswahrscheinlichkeit bis zum Ende eines weiteren festgelegten Intervalls bietet. Diese Wartungsaufgaben werden auch als „geplante Verwerfung“ und „geplante Wiederherstellung“ bezeichnet.

Potenzieller Ausfall. Ein potenzieller Ausfall ist eine erkennbare Bedingung, die darauf hinweist, dass ein Funktionsausfall entweder kurz bevorsteht oder gerade auftritt.

Prädiktive Wartung. Siehe „Zustandsüberwachung“.

Vorbeugende Wartung. Vorbeugende Wartung besteht aus allen Wartungsaufgaben, die als notwendig erachtet werden, um eine akzeptable Überlebenswahrscheinlichkeit bis zum Ende eines bestimmten Intervalls für die Maschinensysteme zu gewährleisten. In IACS UR Z20 wird dies als „geplantes Wartungsschema“ bezeichnet.

Proaktive Wartungsaufgabe. Eine proaktive Wartungsaufgabe wird implementiert, um Ausfälle zu verhindern, bevor sie auftreten, um den Beginn von Ausfällen zu erkennen oder Ausfälle zu entdecken, bevor sie die Systemleistung beeinträchtigen.

PROFIBUS. PROFIBUS (Prozessfeldbus) ist ein Standard für die Feldbuskommunikation in der Automatisierungstechnik.

Zufälliger Ausfall. Zufälliger Ausfall wird von zufälligen Fehlern dominiert, die durch plötzliche Belastungen, extreme Bedingungen, zufällige menschliche Fehler usw. verursacht werden (d. h., der Ausfall ist nicht zeitlich vorhersehbar).

Reaktive Wartung. Eine Wartungsstrategie, bei der Geräte bis zum Ausfall betrieben werden, bevor Korrekturmaßnahmen ergriffen werden. Dies ist nützlich für Gegenstände, die ein geringes Risiko, geringe Kosten haben und bei deren Ausfall keine Auswirkungen auf betriebliche, umweltbezogene oder sicherheitsrelevante Belange bestehen.

Zuverlässigkeit. Die Wahrscheinlichkeit, dass ein Gegenstand seine beabsichtigte Funktion für ein bestimmtes Intervall unter angegebenen Bedingungen erfüllt.

Zuverlässigkeitsbasierte Instandhaltung (RBM). Ein Modell zur Entwicklung von Instandhaltungsstrategien, das als Grundlage für die Anwendung selektiver Zuverlässigkeitstechniken, die Auswahl und Umsetzung eines Instandhaltungsplans sowie die Erstellung einer effektiven Zuverlässigkeitsstrategie dient, um eine effiziente Instandhaltungsumgebung zu unterstützen.

Zuverlässigkeitsorientierte Instandhaltung (RCM). Ein Prozess, der verwendet wird, um den effektivsten Ansatz für die Instandhaltung zu bestimmen. Er umfasst die Identifizierung von Maßnahmen, die bei Durchführung die Ausfallwahrscheinlichkeit verringern und die am kostengünstigsten sind. Eine Reihe führender Klassifikationsgesellschaften haben Instandhaltungsprogramme entwickelt, die RCM-Analysen der installierten Ausrüstung verwenden, um ein Instandhaltungsprogramm, eine Ersatzteilliste und einen Erhaltungsplan zu entwickeln.

Risiko. Risiko setzt sich aus zwei Elementen zusammen, Häufigkeit und Konsequenz. Risiko wird definiert als das Produkt aus der Häufigkeit, mit der ein

Ereignis voraussichtlich eintreten wird, und der Schwere der Konsequenz des Ergebnisses des Ereignisses.

Systeme. Die hierarchische Ebene unterhalb der Funktionsgruppe, die verschiedene Gruppen von Ausrüstungsgegenständen umfasst.

TCP/IP. TCP/IP (Übertragungssteuerungsprotokoll und Internetprotokoll) ist das Computernetzwerkmodell und der Satz von Kommunikationsprotokollen, die im Internet und in ähnlichen Computernetzwerken verwendet werden.

Einlaufversagen. Einlaufversagen wird von „schwachen" Komponenten dominiert, die mit Problemen wie Herstellungsfehlern und Installations-/Wartungs-/Startfehlern zusammenhängen. Es ist auch als „Burn-in" oder „Kinderkrankheit" bekannt.

Verschleißausfall. Verschleißausfall wird von Problemen am Ende der Nutzungsdauer des Geräts dominiert.

GPSR Compliance

The European Union's (EU) General Product Safety Regulation (GPSR) is a set of rules that requires consumer products to be safe and our obligations to ensure this.

If you have any concerns about our products, you can contact us on ProductSafety@springernature.com

In case Publisher is established outside the EU, the EU authorized representative is:

Springer Nature Customer Service Center GmbH
Europaplatz 3
69115 Heidelberg, Germany

Batch number: 10682247

Printed by Printforce, the Netherlands